水のひみつ大研究 3

水と環境をみんなで守れ！

監修 西嶋 渉

水谷清太

小学4年生。好奇心旺盛な男の子。趣味はペットのメダカの世話とダムめぐり。

リュウ

竜神の化身。清太とモアナに、水のことをいろいろと教えてくれる。好物はゼリー。

七海モアナ

小学4年生。ハワイ生まれの元気いっぱいな女の子。趣味はおしゃれと海釣り。

水のひみつ大研究３

水と環境をみんなで守れ！

もくじ

この本の特色と使い方

●『水のひみつ大研究』は、水についてさまざまな角度から知ることができるよう、テーマ別に5巻に分けてわかりやすく説明しています。 ●それぞれのページには、本文やイラスト、写真を用いた解説とコラムがあり、楽しく学べるようになっています。 ●本文中で(➡○ページ)、(➡○巻)とあるところは、そのページに関連する内容がのっています。 ●グラフには出典を示していますが、出典によって数値が異なったり、数値の四捨五入などによって割合の合計が100%にならなかったりする場合があります。 ●この本の情報は、2023年2月現在のものです。

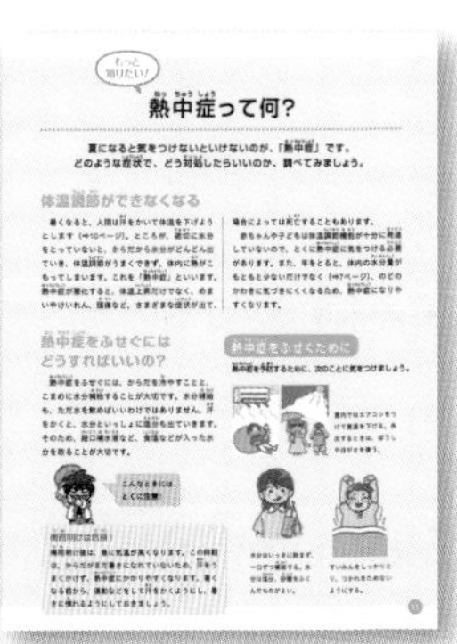

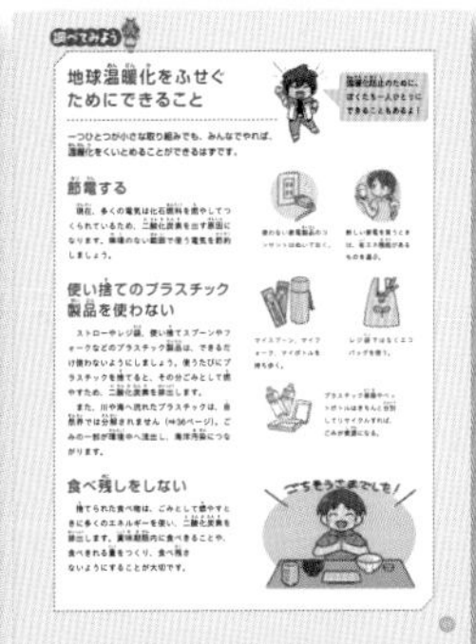

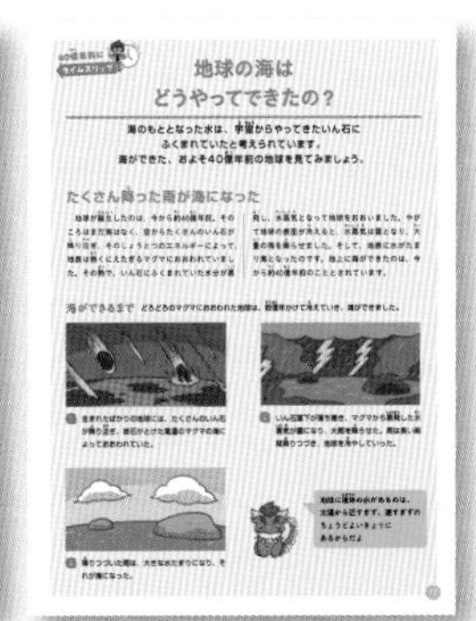

実際にはたらく人のお話をしょうかいしています。

本文に関係する内容をほり下げて説明したり事例をしょうかいしたりしています。

自分で体験・チャレンジできる内容をしょうかいしています。

国内外の過去にさかのぼって、歴史を知ることができます。

自然の中の水がピンチ!?

地上にある水は、太陽の熱によって水蒸気となり、
上空で雲をつくり、雨や雪を降らします。
雨や雪となって地上へ落下した水は、地下水になったり、
川や湖になって海へと流れ出たりして、また雲をつくります。
このようにじゅんかんする水環境が、今こわれかけています。
この巻では、水と環境について考えます。

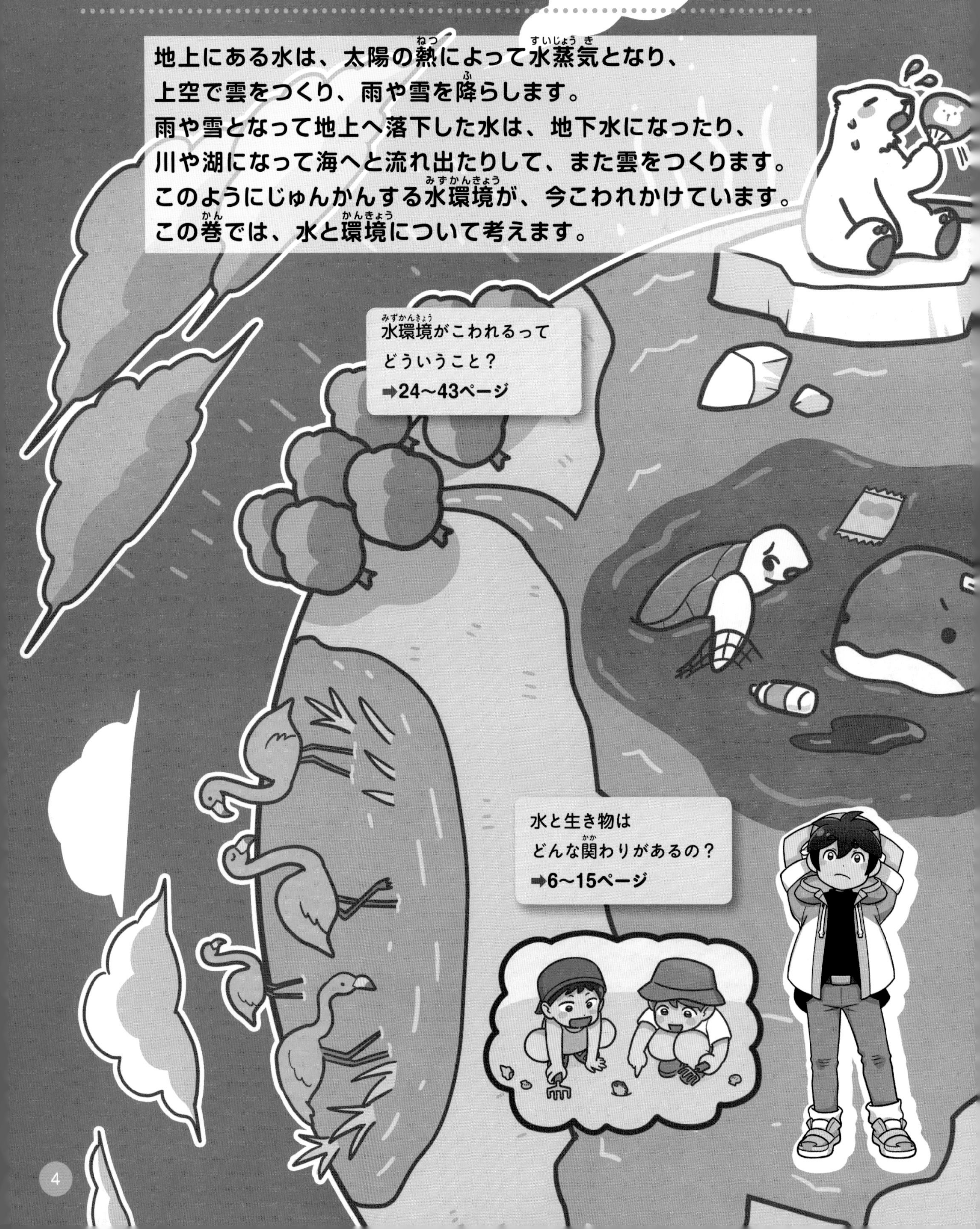

地球温暖化って何？
➡40〜41ページ
人が使ったプラスチックが
海のごみになっているって本当？
➡36〜39ページ
温暖化をふせぐために
わたしたちにできることは
どんなこと？
➡45ページ

1 水と生き物の関わり

わたしたちは、毎日食べ物や飲み物を通して、たくさんの水をからだの中に取り入れています。水とからだの関わりを見てみましょう。

水はからだをつくる成分

生き物のからだには、たくさんの水がふくまれています。動物や植物、微生物など、地球上にいるすべての生き物は、水がないと生きてはいけません。水はあらゆる生き物の命のみなもとなのです。

人間のからだは、体重の50～80%の水をふくんでいます。大人より子どものほうが、また女性よりも男性のほうが多くの水をふくんでいます。このように、人間は年れいや性別によって、ふくまれる水分量がことなります。

生き物の水分量

生き物の水分量はそれぞれちがいますが、どの生き物も、からだの半分以上が水でできています。

年れいや性別によってちがう水分量

赤ちゃんは、
たくさん汗をかくので、
ひんぱんに水分補給をしないと
脱水症状になってしまうんだ

生まれたばかりの赤ちゃんの水分は、80%以上もありますが、成長するにつれ、少しずつ水分は減っていきます。また、男性よりも女性のほうが水分は少なめです。その理由は、女性は男性よりも脂肪を多くもっているから。脂肪は分解されると水とエネルギーになるため、女性は水の代わりに脂肪をたくさんたくわえているのです。

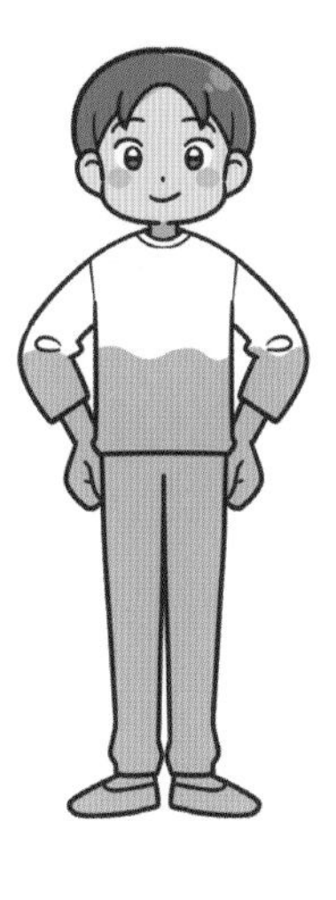

赤ちゃん 80%以上

子ども 60〜65%

大人 55〜60%

お年寄り 50〜55%

生命は水の中で誕生した

生き物に水が必要な理由は、もともと生命が水中で誕生したからです。

今から38億年前、海の中で最初の生命が誕生しました。海中にとけこんだアンモニアやメタンなどから、生命の材料であるアミノ酸がつくられたと考えられています。

生命は、海の中でさまざまなすがたへと進化していきました。やがて、その一部が海から陸上へ進出し、乾燥地など、さまざまな環境に適応していきました。

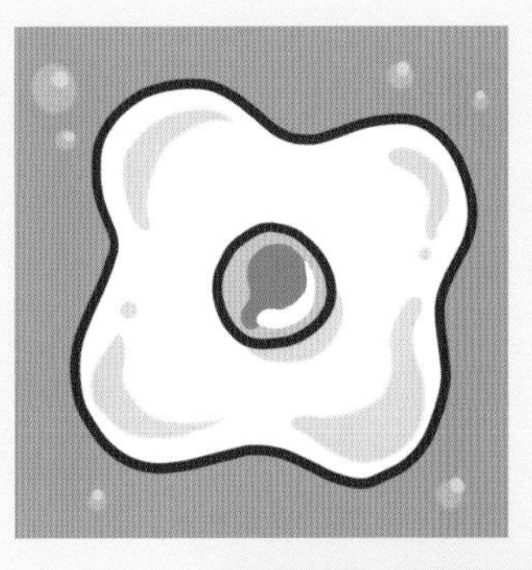

最初の生命は今の細菌に似た生き物だったと考えられている。

約3億7500万年前に、せきつい動物が上陸。陸上でくらす動物の共通の祖先となった。

地球にある水は、
宇宙からやってきた
いん石にふくまれて
いたんだって (➡17ページ)

人や動物のからだと水

からだの中で
水はどんなはたらきを
しているのかな？

からだの中をめぐる水

人間のからだは、何十兆個もの細胞が集まってできています。細胞とは生き物を形づくる基本構造で、そのひとつひとつがうすい膜でつつまれています。人間のからだの水分の3分の2は、この細胞にふくまれています。残りの水分は、細胞の外にある細胞外液で、そのなかのひとつに血液（赤血球や白血球をのぞいた血しょう）があります。

食べ物から取り入れた栄養や空気中の酸素は、血液の中にとかされて全身に運ばれ、運動したり成長したりするために使われます。

いらなくなった老はい物も血液にとかされ、尿として体外に出されます。また、二酸化炭素は肺を通して排出されます。

体内での血液のはたらき

血液にとかされた栄養や酸素は、細胞に入ったり出たりしながら、からだのすみずみまで運ばれています。

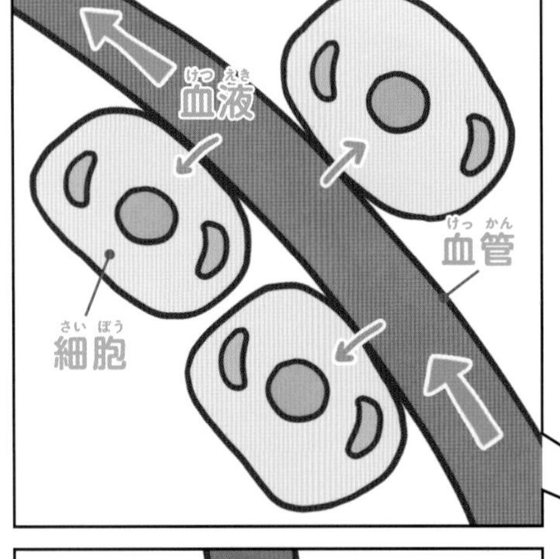

血管

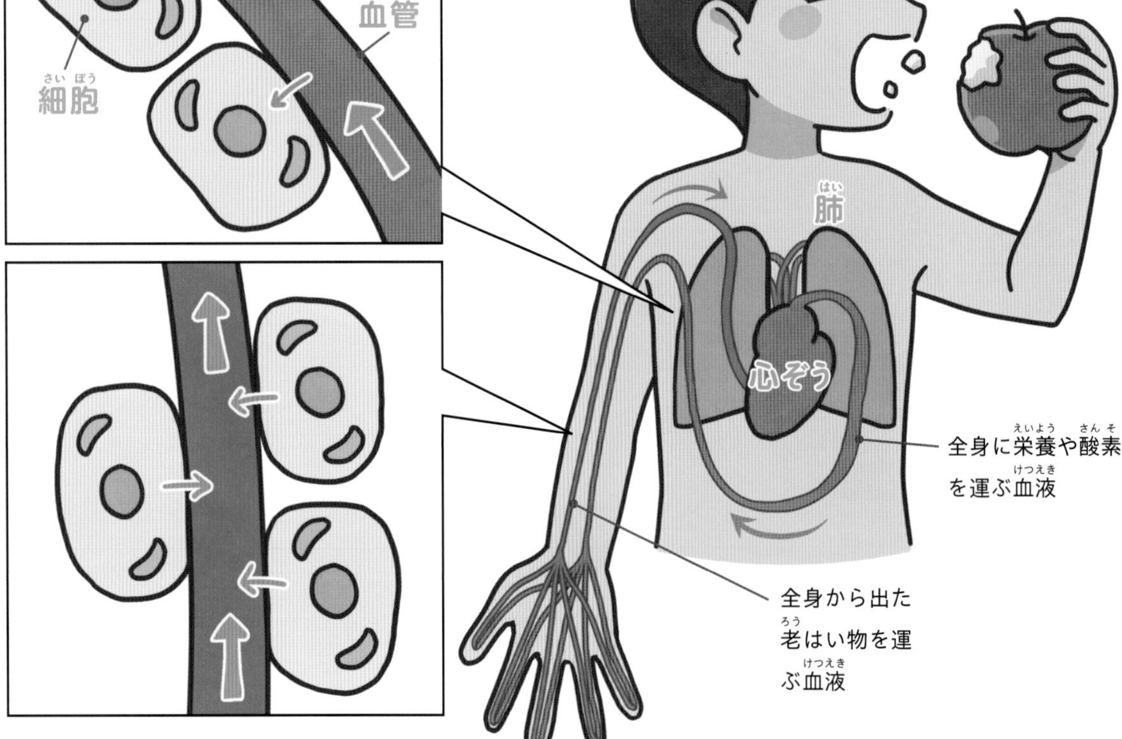

血液にとけている栄養や酸素が、からだにある各細胞にわたされる。

細胞内の水にとけている老はい物が、各細胞から血液にわたされる。

心ぞう
全身に栄養や酸素を運ぶ血液
全身から出た老はい物を運ぶ血液

人が1日に必要とする水の量

毎日、からだの外に出ていく水の量は、大人ひとりあたり約2.5Lにもなります。もし、水を1滴もとらなければ、人間は4～5日くらいで命を落としてしまうといわれています。体内の水分は、汗や尿、吐く息にふくまれる水蒸気として、たえずからだの外に出されているからです。

そこで、からだの外に出ていく水の量に合わせて水分を取り入れなければなりません。毎日元気に活動するために大人ひとりが1日に必要とする水分は、約2.1Lといわれています。水分は飲料水からだけでなく、食べ物からも摂取することができます。

出ていく水は2.5Lで、必要な水は2.1L…。なぜ出ていく水のほうが多いの？
体内のタンパク質や脂肪がエネルギーに変わるとき、いっしょに水がつくられて、それも外に出されるからだよ

いろいろな食べ物の水分の割合

たいたご飯は茶わん1ぱいで約90mLの水をふくんでいます。
また、野菜やくだものは、とくに水分の割合が多くなっています。

ご飯
60%

食パン
39%

トマト
94%

リンゴ
83%

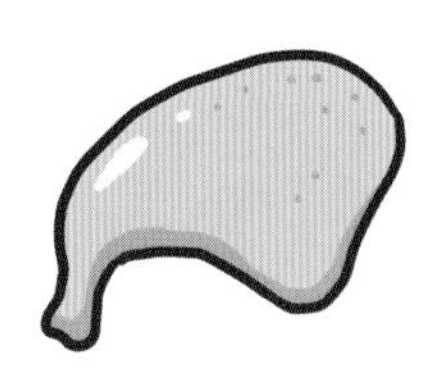

とり肉
69%

出典：文部科学省「日本食品標準成分表2020年版」

乾燥地域でくらす動物の水を得るくふう

砂漠などのほとんど雨が降らない乾燥地域でくらす動物は、少ない水でも生きていくことができます。

たとえば、ラクダは、背中のこぶの中に脂肪をたくわえています。これを分解することで、水とエネルギーを得ています。

また、ヤモリのなかまや一部の昆虫は、朝に発生する霧をからだにつけて、集めた水滴を飲みます。

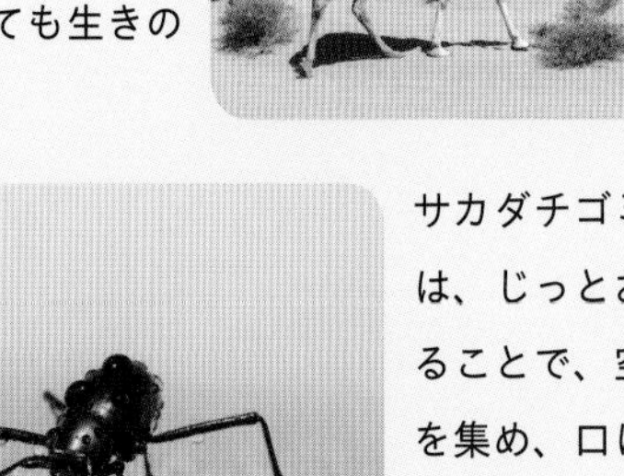

ラクダは、10日以上水を飲まなくても生きのびられる。

サカダチゴミムシダマシは、じっとおしりを上げることで、空気中の水滴を集め、口に流れ落ちた水を飲む。

(写真提供：アフロ)

体内の水が体温を調節する

わたしたち、人間の体温は、おおむね36～37℃に保たれています。この体温を調節して一定に保つためのはたらきのひとつが、からだから出る水分である汗です。

暑いとき、人間は、汗腺とよばれる皮ふにある穴から汗を出します。汗が蒸発するとき、まわりの熱をうばいます。「気化熱」とよばれるものです。わたしたちは、汗をかくことで、体温が上がりすぎないようにしているのです。

反対に、寒いときは汗腺を閉じて汗をかかないようにし、水分が蒸発しないようにして、体温を調節しています。

気化熱のしくみ

気化熱とは、汗（液体）が水蒸気（気体）になるときに吸収する熱のことです。お風呂上がりにからだをふかずにいると寒く感じるのも、気化熱としてからだから熱をうばうからです。

大人ひとりあたり、1日に皮ふから約600mL、呼吸で約400mL、合計約１Lもの水を水蒸気として外へ出しているよ

いろいろな動物の体温を保つくふう

人間は全身で汗をかきますが、汗をかけない動物はどのように体温調節するのでしょうか？

たとえば、毛におおわれたイヌは、足のうらでしか汗をかくことができません。その代わり、口を開けて舌を出すことで、そこから水を蒸発させて、体温を下げるくふうをしています。

また、ブタも汗をかかないため、体温調節が苦手です。暑いときはどろ水にとびこみ、からだになすりつけることで、どろ水が蒸発するときの気化熱を利用して、体温を下げています。

イヌは舌を出し、口で呼吸することで体温を下げる。

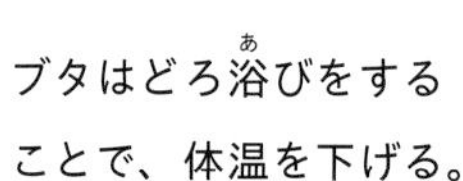

ブタはどろ浴びをすることで、体温を下げる。

熱中症って何？

夏になると気をつけないといけないのが、「熱中症」です。どのような症状で、どう対処したらいいのか、調べてみましょう。

体温調節ができなくなる

暑くなると、人間は汗をかいて体温を下げようとします（➡10ページ）。ところが、適切に水分をとっていないと、からだから水分がどんどん出ていき、体温調節がうまくできず、体内に熱がこもってしまいます。これを「熱中症」といいます。熱中症が悪化すると、体温上昇だけでなく、めまいやけいれん、頭痛など、さまざまな症状が出て、場合によっては死亡することもあります。

赤ちゃんや子どもは体温調節機能が十分に発達していないので、とくに熱中症に気をつける必要があります。また、年をとると、体内の水分量がもともと少ないだけでなく（➡7ページ）、のどのかわきに気づきにくくなるため、熱中症になりやすくなります。

熱中症をふせぐにはどうすればいいの？

熱中症をふせぐには、からだを冷やすことと、こまめに水分補給することが大切です。水分補給も、ただ水を飲めばいいわけではありません。汗をかくと、水分といっしょに塩分も出ていきます。そのため、経口補水液など、食塩などが入った水分を取ることが大切です。

こんなときにはとくに注意！

梅雨明けは危険！

梅雨明け後は、急に気温が高くなります。この時期は、からだがまだ暑さになれていないため、汗をうまくかけず、熱中症にかかりやすくなります。暑くなる前から、運動などをして汗をかくようにし、暑さに慣れるようにしておきましょう。

熱中症をふせぐために

熱中症を予防するために、次のことに気をつけましょう。

室内ではエアコンをつけて室温を下げる。外出するときは、ぼうしや日がさを使う。

水分はいっきに飲まず、一口ずつ補給する。水分は塩分、砂糖をふくんだものがよい。

すいみんをしっかりとり、つかれをためないようにする。

植物と水

動物は、食べ物や
飲み水から水分を
からだに取り入れているけど
植物はどうなのかな？

地中から水を吸い上げ葉から出す

植物の成長には、水だけでなく、窒素やリンなどの養分が必要です。

植物は、地中にのばした根から、窒素やリンなどがとけこんだ水を吸い上げています。

吸い上げた水や養分は、「道管」という管を通り、葉や芽など、全身にとどけられます。

葉にとどいた水は、でんぷんをつくるための「光合成（➡13ページ）」に使われます。しかし、ほとんどは余分な水として、葉のうらから外へ蒸発しています。これを「蒸散（➡14ページ）」といいます。

窒素やリンは空気や土などに
ふくまれていて、
雨や川の水にとけこんで
植物の栄養になるんだって

ホウセンカの根の先端部分。根の表面積を大きくして、少しでも多く水を吸収するため、細かい毛のようになっている。
（写真提供：アフロ）

植物のからだをめぐる水と養分

根から吸い上げた水は道管を通って葉のすみずみまでとどけられます。一方、光合成によってつくられたでんぷんは水にとけるものに変えられ、「師管」を通って、全身にとどけられます。

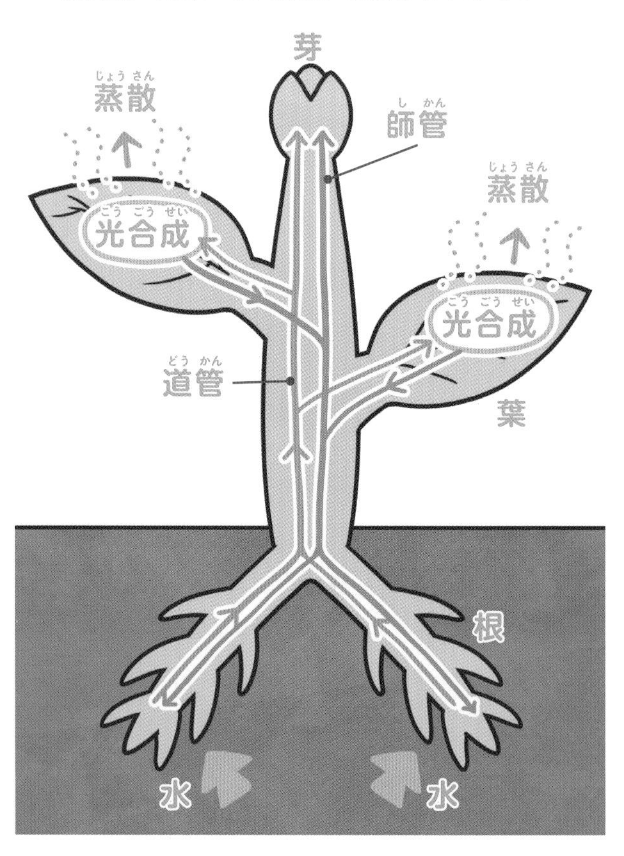

葉で光合成をおこないでんぷんをつくる

植物は太陽の光を浴びると、二酸化炭素と水を材料にして、葉で「光合成」をおこないます。光合成では、でんぷん（有機物）をつくります。でんぷんは、水にとける糖などに変えられ、からだのさまざまな場所へ運ばれ、植物が成長する材料に使われたり、動物が食べて取り入れたりします。

光合成では、水が分解されることで、酸素ができます。光合成で出た酸素は、わたしたちの呼吸に使われます。

サツマイモのいもは、根に移動した糖がでんぷんに変わってたくわえられたものだよ

光合成のしくみ

光合成は空気中の二酸化炭素を、植物の体内にとりこみ、でんぷん(有機物）に変え、酸素をはき出します。植物は二酸化炭素を吸収するため、温暖化(➡40ページ）をふせぐ役割をになっています。

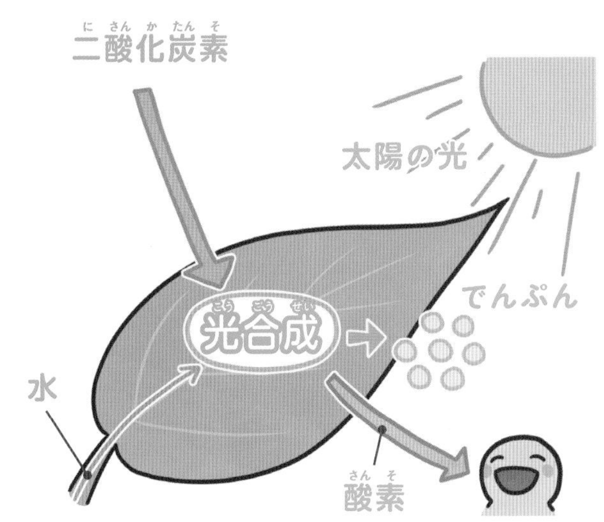

水からはなれた植物

水中で誕生した植物が上陸したのは、今から約4億7000万年前といわれています。水中にいたころは、現在見られるシャジクモ、コレオケーテ、アオミドロに似た、淡水にくらす藻類のなかまでした。

上陸した植物は、まず乾燥から身を守るため、水分を通さない厚い表皮を発達させました。

また、水中とちがい、陸上では、水は地中からしか手に入れることができないので、地面に根をはるようになりました。さらに、重力に負けないように、くきのまわりがかたくなり、じょうぶなからだへと進化していったのです。

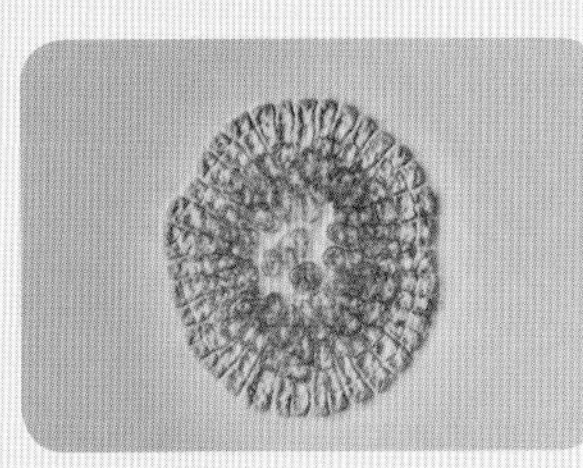

淡水の藻類、コレオケーテ。陸上植物の祖先はこのような淡水中で光合成する小さな藻類だったと考えられている。

陸上の植物

乾燥に強く、じょうぶなからだをもち、根から吸い上げた水を、内部の道管を通じて全身に送ることができるようになった。

水中の植物

小さな藻類が陸上植物の祖先だったと考えられている。

蒸散で水蒸気を放出する

根から吸い上げた水は、すべてを光合成に使うわけではありません。植物は、光合成に必要な二酸化炭素やいらなくなった酸素を葉から吸収したり、はき出したりしています。そのとき、水も水蒸気となって空気中に出ています。これを「蒸散」といいます。

根から吸収された水の多くが蒸散によって失われますが、失われた水は、根から速やかに吸収されます。

植物は、蒸散をおこなうことで、植物体内の水分量を調節しています。また、蒸散によって、気化熱（➡10ページ）が生まれ、葉の表面の温度が上がりすぎないように調節するはたらきもあります。

蒸散のしくみ

よぶんな水は、二酸化炭素や酸素が出入りする葉のうらにある「気孔」から出ていきます。

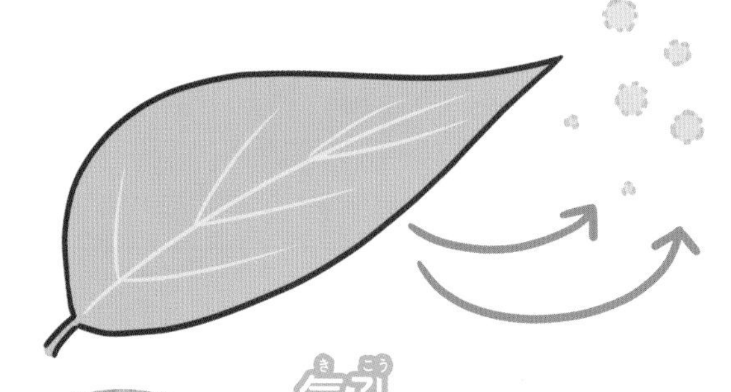

気孔

葉のうらにある細胞間のすき間。光合成を活発におこなっているときは開いて蒸散をうながし、土がかわいていたり、植物体内の水分量が少なかったりするときは閉じて蒸散をひかえる。

蒸散の効果

葉の温度を下げる蒸散は、周囲の気温も下げる効果があります。夏の暑い日、森がすずしいとよくいわれるのは、樹木などの植物が蒸散をおこなっているためです。

人間が汗をかいた後、
気化熱によってすずしくなるのと
いっしょだね

植物の蒸散によって空気中の水蒸気が増えると、明け方、気温が下がったときに霧ができることがある。写真は長野県カヤの平高原のブナ林。

少ない水で生きるサボテン

地球上には、雨が少なく乾燥している地域もあります。サボテンはそういった地域に生えている代表的な植物です。水が少ないなかで、サボテンは体内に水をたくわえられるように進化しました。

もともとは、細いくきや大きな葉をもつ植物でしたが、水をたくわえるためにくきが太くなり、蒸散で水が出ていき過ぎないよう葉がとげのように細く変化したのです。

さらに、細いとげは、空気中の水蒸気が冷やされて発生する霧を集めるはたらきもあります。

タマサボテンのなかま。太った茎にはたくさんの水がたくわえられているため、水やりはほとんど必要ない。

サボテンのくきを切ったもの（左）。雨が降らないときには、体内の水分で生きながらえている。

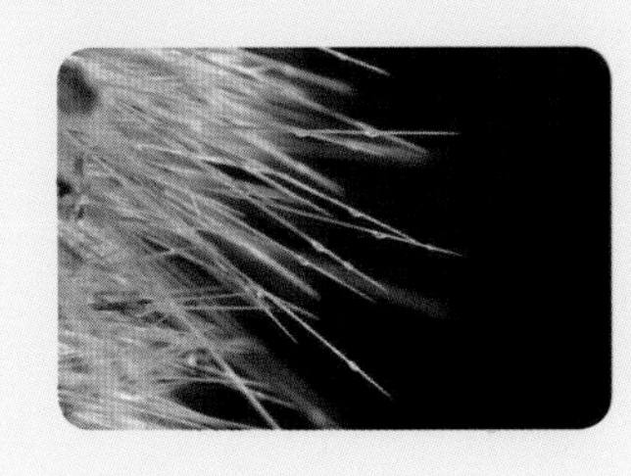

朝露がついたサボテン。集めた霧を取りこみ水分をおぎなう。

（写真提供：アフロ）

種は水を吸うことで目を覚まして発芽する

植物のからだは70～90%もの水分をふくんでいるにもかかわらず、種のときの水分量は、10～15%しかありません。これは、植物が問題なく育つ環境になるまで、種を乾燥させてねむらせているためです。

植物が発芽するには、温度、酸素、水の3つの条件が必要です。これらのどれかひとつでも欠けると発芽しません。種は、まず水を吸うと、ねむりからさめます。種には葉や根の赤ちゃんが入っていて、吸水によってエネルギーが生み出されると、根が種の皮をやぶって出てきます。

水を吸収して発芽したダイズ。根や双葉が出てくる。

（写真提供：アフロ）

水をあたえた種の中では何が起こるの？
種が水を吸収することで、種の中にたくわえられていたでんぷんなどが分解されて、エネルギーを生み出したり、成長の材料に使われたりするんだ

2 地球をおおう水

生き物がくらす地球は、たくさんの水でおおわれています。
水は、さまざまな生き物の命をはぐくんでいます。

地球上のほとんどの水は海水である

地球は表面の多くが液体の水でおおわれていることから、「水の惑星」とよばれています。すべての水の量は体積であらわすと約13.86億km^3。その大部分は海水で、淡水はわずか2.5%です。しかも、淡水の多くは氷河などの氷で、川や湖として存在する淡水は、0.01%ほどしかありません。このわずかな水を、わたしたち人は利用しています。

地球上にある水

ほとんどが海水で、淡水は約2.5%。さらに淡水の多くは氷河や地下水などで、わたしたちが利用できる水（川や湖、沼など）は、全体の0.01%です。

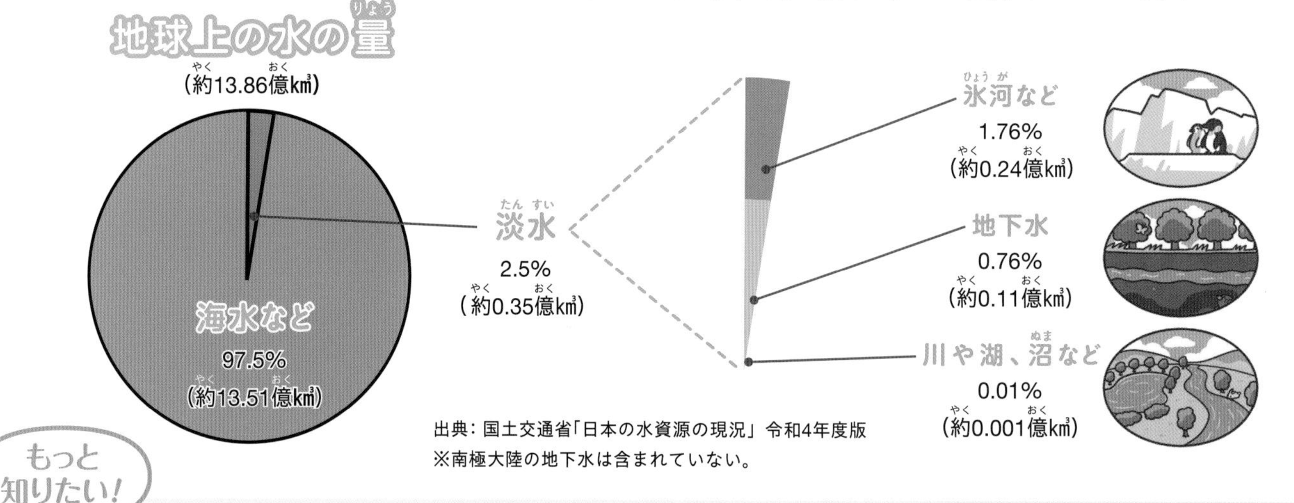

出典：国土交通省「日本の水資源の現況」令和4年度版
※南極大陸の地下水は含まれていない。

もっと知りたい！

地球の水を一か所に集めると…

右は、地球上のすべての水を球体にして一か所に集めたCG図です。一番大きい球は海水、2番目に大きい球は海水をのぞいた淡水、一番小さい球が、川や湖、沼にある水をあらわしています。一番小さい点のような球の大きさは、直径約56km。このわずかな水を、人間はおもに利用しています。

（画像提供：Howard Perlman, Hydrologist, USGS, Jack Cook, Woods Hole Oceanographic Institution, Adam Nieman, Igor Shiklamonov）

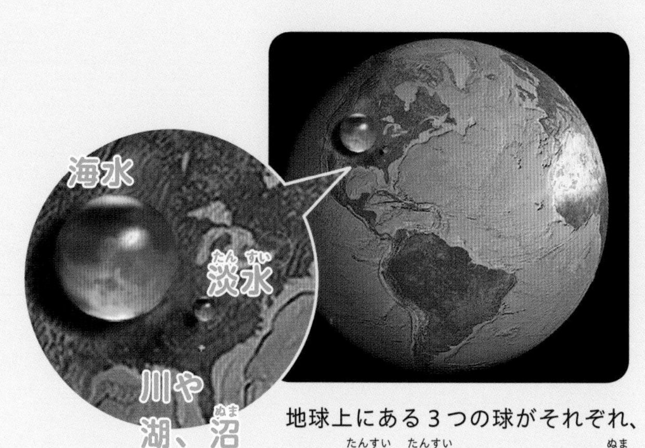

地球上にある３つの球がそれぞれ、海水、淡水、淡水の中の川や湖、沼をあらわす。

地球の海はどうやってできたの？

海のもととなった水は、宇宙からやってきたいん石にふくまれていたと考えられています。海ができた、およそ40億年前の地球を見てみましょう。

たくさん降った雨が海になった

地球が誕生したのは、今から約46億年前。そのころはまだ海はなく、空からたくさんのいん石が降り注ぎ、そのしょうとつのエネルギーによって、地表は熱くにえたぎるマグマにおおわれていました。その熱で、いん石にふくまれていた水分が蒸発し、水蒸気となって地球をおおいました。やがて地球の表面が冷えると、水蒸気は雲となり、大量の雨を降らせました。そして、地表に水がたまり海となったのです。地上に海ができたのは、今から約40億年前のこととされています。

海ができるまで

どろどろのマグマにおおわれた地球は、数億年かけて冷えていき、海ができました。

1 生まれたばかりの地球には、たくさんのいん石が降り注ぎ、岩石がとけた高温のマグマの海によっておおわれていた。

2 いん石落下が落ち着き、マグマから蒸発した水蒸気が雲になり、大雨を降らせた。雨は長い期間降りつづき、地球を冷やしていった。

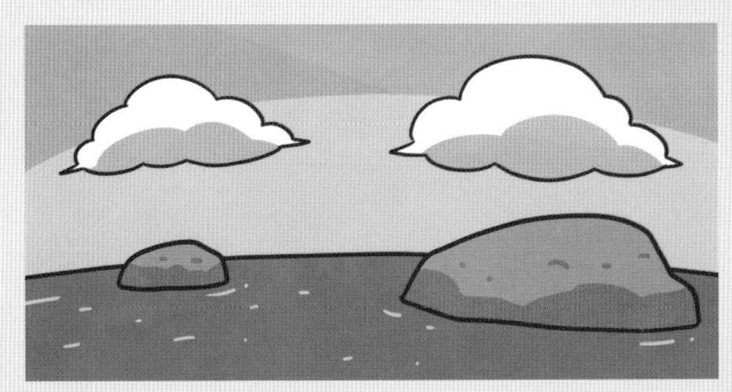

3 降りつづいた雨は、大きな水たまりになり、それが海になった。

地球に液体の水があるのは、太陽から近すぎず、遠すぎずのちょうどよいきょりにあるからだよ

自然の中でじゅんかんする水

水はすがたを変えて地球をめぐる

地球上の水は、液体、固体（氷や雪）、気体（水蒸気）とすがたを変えながらじゅんかんしています。海などで蒸発した水は、水蒸気となり上空で雲になります。雲の一部は陸へ移動し、雨や雪を降らせます（➡20ページ）。地上に移動した水のほとんどは、雪や氷のほかに、湖や沼、川などの地上の水、もしくは地下水になり、ふたたび海へもどります。

地球で海が誕生して以来、このような水のじゅんかんは、何十億年とくり返されています。

地球にある水のすがた

水は温度によって液体、固体（氷や雪）、気体（水蒸気）へと変化します。地球上での水の多くは、液体の状態で存在しており、その多くが海水となっています。氷は氷河や永久凍土など（➡22〜23ページ）、水蒸気は大気となって地球をおおっています。

液体（海や川など）
約98.2%

固体（氷河など）
約1.8%

気体（水蒸気）
約0.0009%

出典：Assessment of Water Resources and Water Availability in the World ; I, A. Shiklomanov, 1997（WMO発行）

水のじゅんかん

地球上の水のじゅんかんを矢印で示しています。陸、海、大気のあいだをすがたを変えながら、めぐっています。

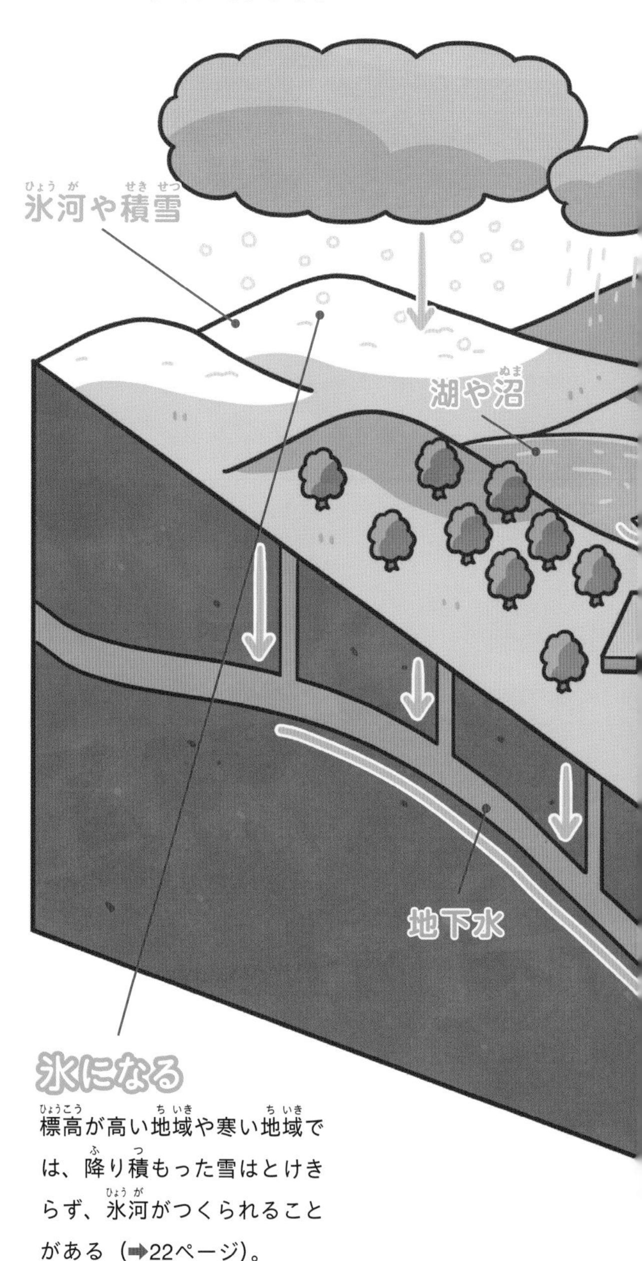

氷になる

標高が高い地域や寒い地域では、降り積もった雪はとけきらず、氷河がつくられることがある（➡22ページ）。

地球をめぐる海流

海の水には流れがあり、これを「海流」といいます。日本のまわりだと日本列島の南から流れてくる暖流「対馬海流」「黒潮」、日本列島の北から流れてくる寒流「親潮」「リマン海流」があります。海流は、偏西風や貿易風といった風や、海水温の差が原因で起こります。

豊富なプランクトンをふくむのは寒流で、暖流と寒流がぶつかる場所（潮目）では、多くの魚が集まります。

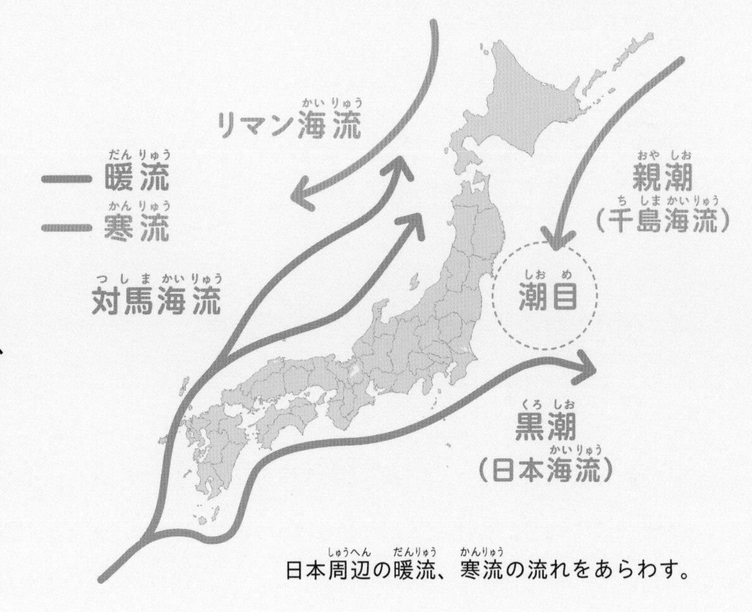

日本周辺の暖流、寒流の流れをあらわす。

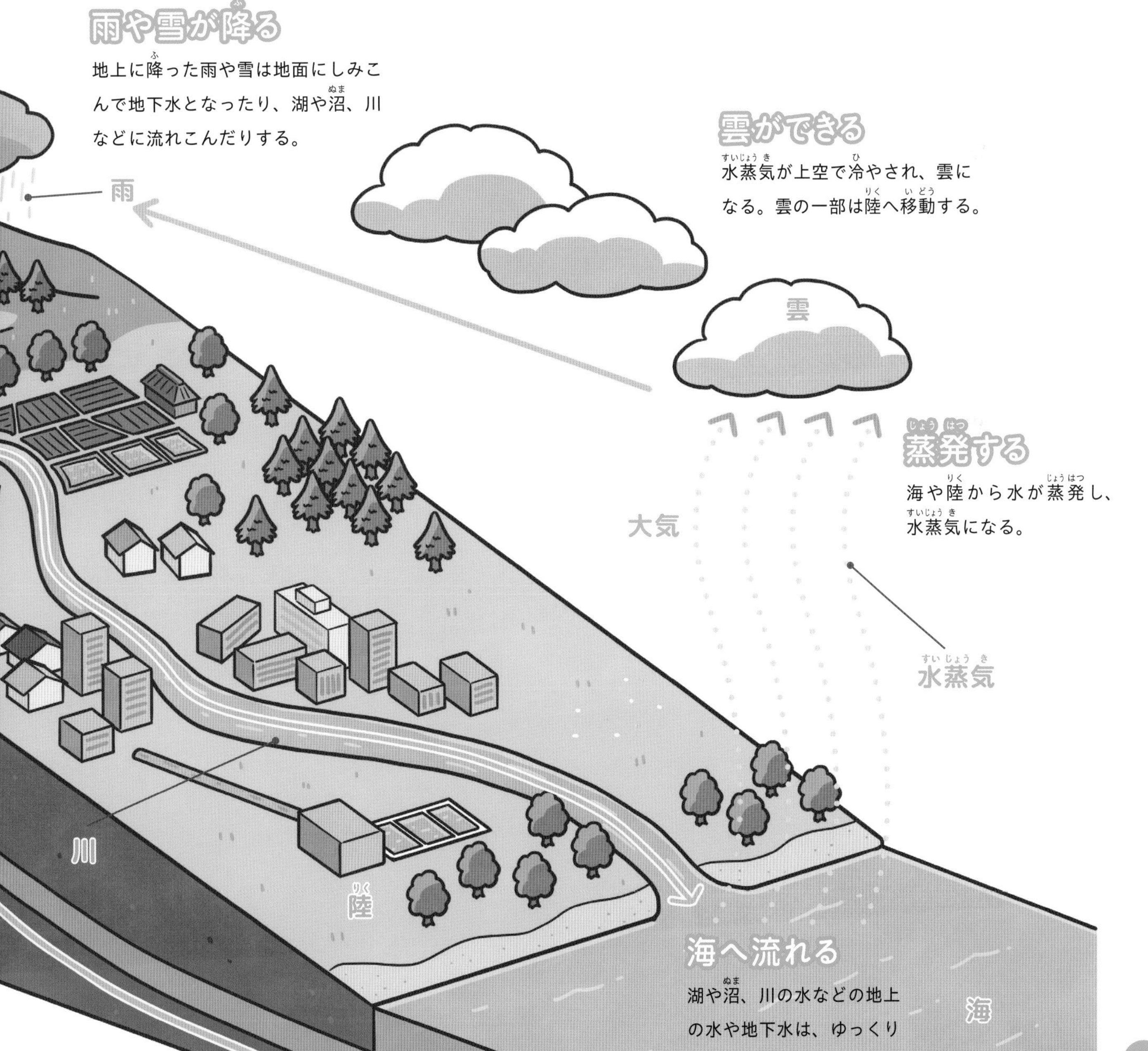

雨や雪が降る
地上に降った雨や雪は地面にしみこんで地下水となったり、湖や沼、川などに流れこんだりする。
雨
雲ができる
水蒸気が上空で冷やされ、雲になる。雲の一部は陸へ移動する。
雲
蒸発する
海や陸から水が蒸発し、水蒸気になる。
大気
水蒸気
川
陸
海へ流れる
湖や沼、川の水などの地上の水や地下水は、ゆっくりと海へもどっていく。
海

雨や雪が降るしくみ

水蒸気から雲ができ、雨や雪を降らせる

水が太陽にあたためられて蒸発すると、「水蒸気」という気体になって空に上っていきます。

空気にふくまれる水蒸気の量は、気温が高くなるほど多くなり、気温が低くなるほど少なくなります。そのため、気温が低い上空では、空気がふくむことのできる水蒸気量が少なくなり、よぶんな水蒸気は水滴になります。水滴はさらに冷たい空気にさらされると、氷のつぶにもなります。これらが集まったものが「雲」です。雲には、種類によって、水滴が集まったものや、氷のつぶが集まったものがあります。

水滴が地面に落下、あるいは氷のつぶがとけて落下したものが雨、氷のつぶがそのまま落下したものが雪になります。

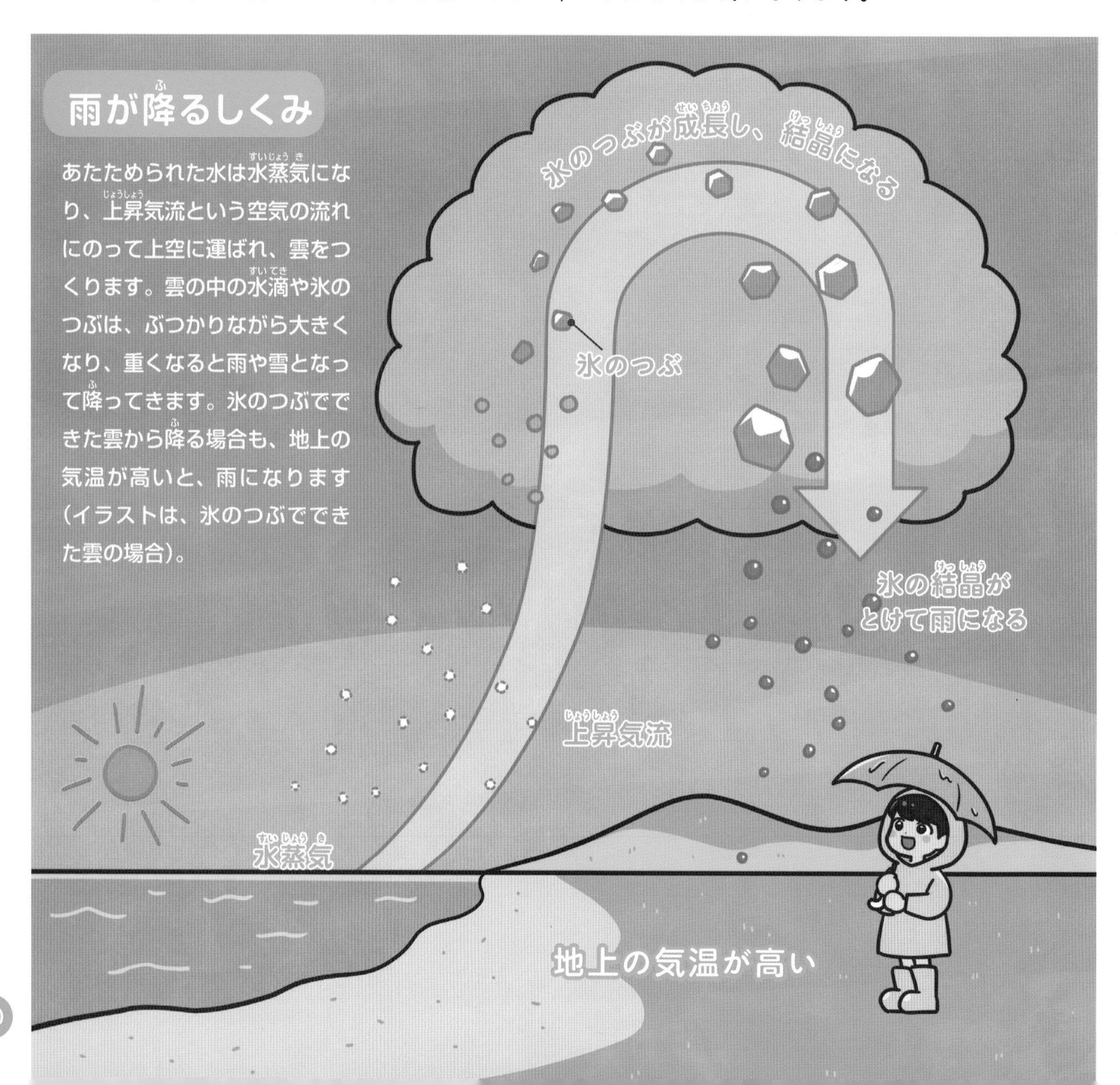
雨が降るしくみ
あたためられた水は水蒸気になり、上昇気流という空気の流れにのって上空に運ばれ、雲をつくります。雲の中の水滴や氷のつぶは、ぶつかりながら大きくなり、重くなると雨や雪となって降ってきます。氷のつぶでできた雲から降る場合も、地上の気温が高いと、雨になります（イラストは、氷のつぶでできた雲の場合）。
氷のつぶが成長し、結晶になる
氷のつぶ
氷の結晶がとけて雨になる
上昇気流
水蒸気
地上の気温が高い

もっと知りたい!

宇宙から雲の動きを知る

日本上空の雲の動きは、地球のまわりをまわる、静止気象衛星ひまわりによってつねに観測されています。毎日の天気予報も、ひまわりの観測結果によるものです。地球の自転に合わせて飛んでいるため、つねに日本上空にとどまっているように見えます。これにより、日本周辺の気象現象を連続して観測することができます。

静止気象衛星ひまわりの想像図。赤道上空約3万8500kmの宇宙から日本の雲の動きを観測している。

ひまわりによる日本上空の冬の雲のようす。シベリアからの寒気によって流れてくる、筋状の雲が見える。

ひまわりがとらえた、関東地方の積雪のようす。

(画像提供:気象庁)

雪が降るしくみ

地上の気温が低い場合、雲から落下した氷の結晶は、そのまま雪となって、地上に降ってきます。

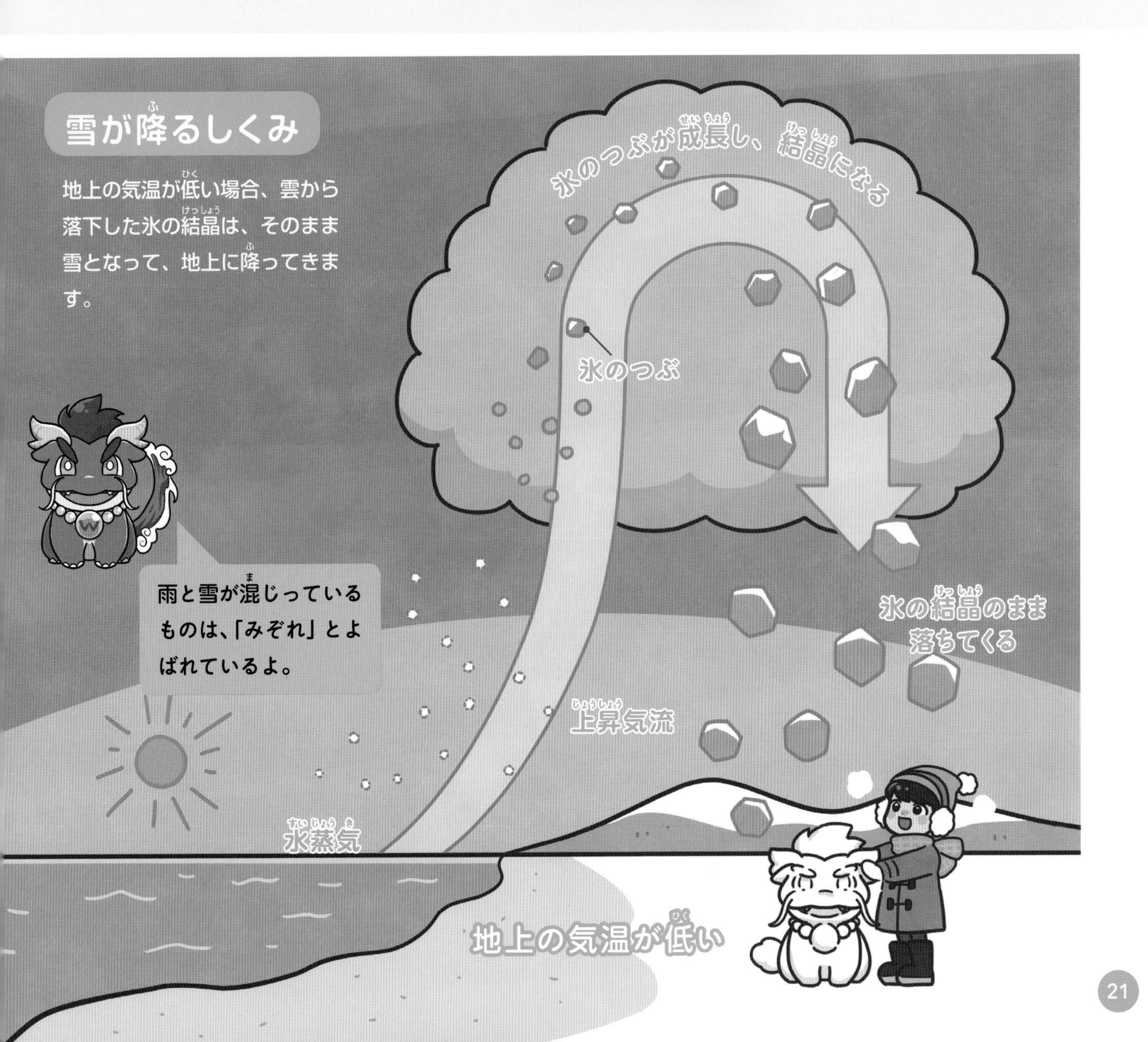

地上をおおう氷

雪がかたまり氷になる

地上には、「氷河」とよばれる、氷のかたまりが見られます。氷河とは、高山や大陸などに降り積もった雪がかたまって氷になり、その重みでゆっくりと流れ出したものです。ヒマラヤやグリーンランド、南極大陸などに見られます。氷河のうち、大陸から海へ流れ出たものは、割れて氷山となり、海にうかんでいます。

地上にあるすべての氷河の体積の合計は、約2406万km³あり、その90%ほどが南極大陸にあります。もし、南極の氷がすべてとけると、海面が60m上昇すると考えられています。

グリーンランドの氷河。海に流れ出ている。

グリーンランドの氷山。大部分は海中にあり、海上に見えるのは一部分。

氷ができ氷河となるしくみ

1年を通じて気温が低い地域では、夏でも雪がとけないため、翌年の冬まで雪が残ります。毎年、これをくり返すことで雪が圧縮されて氷のかたまりになります。

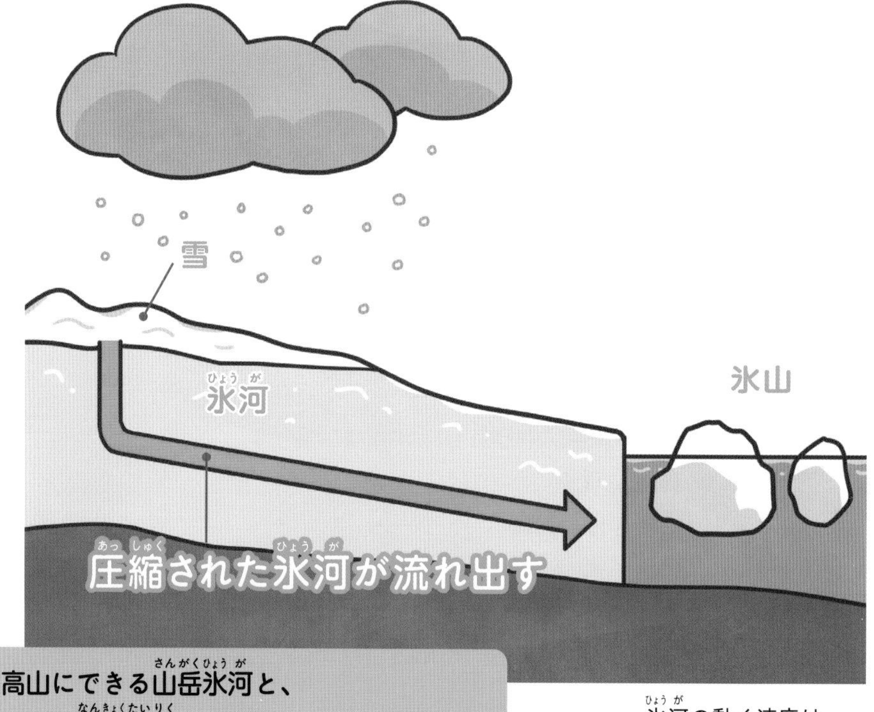

雪
氷河
氷山
圧縮された氷河が流れ出す

氷河の動く速度は、1年間で10m～数百m。

氷河には、高山にできる山岳氷河と、グリーンランドや南極大陸などの平らな大地にできる大陸氷河（氷床）に分けられるよ

氷をふくんだ土「永久凍土」

つづけて2年以上、土壌の温度が氷点下を保っている地盤のことを「永久凍土」といいます。凍土とは、こおった水をふくんだ土のことで、年間平均気温が氷点下になる、シベリアやアラスカなどのツンドラ地帯(降水量が少ない地域)を中心に広がっています。日本では富士山や大雪山などにもあり、地球の陸地面積の25%ほどが永久凍土ともいわれています。

永久凍土がとけると、河川の水量がふえたり、水が流れ出て植物がかれたり、土地がかんぼつして家が水没したりなど、いろいろな影響があります。

地下にある永久凍土

永久凍土層の厚さは数mから数百m。永久凍土層の上には、気温が高い夏には氷がとける活動層があります。

北アメリカのアラスカ州にある永久凍土層。

夏、活動層がとけると、その部分がかんぼつし、タイル状の水たまりをつくる。写真は北アメリカのアラスカ州。

もっと知りたい!

地球でいちばん寒い南極大陸

南極大陸は氷床（➡22ページ）とよばれる巨大な氷におおわれています。南極大陸は地球上でいちばん寒く、南極点の平均気温は約－50℃にもなります。

いっぽう、北極点の平均気温は約－18℃。北極よりも南極の気温が低い理由の1つは、標高のちがいです。北極の氷の厚さは数mに対し、南極の氷の厚さは数千mにもなります。

また、北極は氷が海にういていますが、南極の氷は広大な大陸の上に広がっています。海上と陸上では、陸上のほうが冷えやすいため、南極のほうが気温が低くなるのです。

南極大陸の氷床。遠くには高い山がそびえたつ。

北極海では海水がこおった流氷が見られる。

3 こわれていく水環境

わたしたちは、自然の中をじゅんかんする水を利用しています。しかし今、じゅんかんによってつくり出される環境がくずれてきています。

自然の中で水はきれいになる

水はすがたを変えながら、自然の中をつねにじゅんかんしています（➡18ページ）。このなかで、水はよごれても、自然のはたらきによってきれいになります。

たとえば、川や湖、海などにくらす微生物（細菌など）は、水中の有機物からできているよごれを食べてくれます。また、水中にくらす植物プランクトンや水辺に生えている植物は、窒素やリンを養分として吸収することで、水をきれいにしています（➡34ページ）。さらに、土にしみこんだ水は、小石や土のあいだを通るうちに、ごみやよごれが少しずつ取りのぞかれます。

人のくらしが水環境をこわす

かつての日本は、下水道の整備が不十分であったため、生活排水による水質汚染が深刻でしたが、現在では国内のほとんどで下水道が整備され、生活で出たよごれた水は、きれいにされてから川や海へ流されています（➡2巻）。

しかし、一部のプラスチックごみなど、分解されないごみが海に流出し、環境汚染を引き起こし、海の生態系に影響をおよぼしています。

また、都市化が進み、雨水などが地面にしみこみにくくなったため、地下水が減り、代わりに川の氾濫が起きやすくなっています。

コンクリートやアスファルトでおおわれたまち

地面をコンクリートやアスファルトでおおうことで、地中にしみこむ水の量は少なくなってしまう（➡26～27ページ）。

プラスチックなどの大量のごみ

プラスチックなどの土にもどらないごみが、川から海へ流れることは、海洋汚染の大きな原因のひとつになっている（➡36～39ページ）。

知らず知らずのうちに
水をよごしているのかな？

水環境に影響をもたらす人びとのくらし

まちを整備し、さまざまな物をつくっては消費しているなかで、人びとは毎日たくさんの水を使っています。こうした人びとのくらしは、自然の水環境に大きな影響をあたえています。

放置された森林

日本では手入れされず放置された森林がたくさんある。放置された森の木はやせて、根がはりにくく、水をためこみづらくなっている（➡28ページ）。

農業に使う化学肥料や家畜のふん尿

化学肥料には川の水をよごす窒素やリンがふくまれている。家畜のふん尿は、工業排水と同じく、処理が義務づけられている（➡33ページ）。

生活排水

家庭でひとりが1日に使うとされる水の量は平均214L（2019年東京都）とされる（➡1巻）。生活排水は下水処理場できれいにしてから川に流されている（➡32ページ）。

工業排水

かつて工場から出る排水には有害物質が多くふくまれており、大きな問題となった。いまは国によって有害物質の排出が規制されている（➡33ページ）。

水を吸収する土をおおってしまうと、
大雨が降ったとき、
川が氾濫するかもしれないんだ

都市化が水の流れを分断

氾濫が起こりやすくなった

雨水や雪は地中にしみこんで土壌をうるおし、地下水になります。地下水はゆっくりと海へ流れていき、ふたたび雨を降らせます。このようにして、水は陸、海、大気をめぐっています。

しかし、現在では、都市の地面の多くはコンクリートやアスファルトでおおわれ、地面にしみこむ水の量がとても少なくなってきています。

こうした状況で一度に大量の雨が降ると、下水道管を流れる水の量が増えすぎて、川に流れこむ水が一気に増えて川が氾濫する恐れがあります（➡2巻）。都市化が進むと、水の行き場がなくなってしまうのです。

都市化する前の雨水の行き先

大雨が降っても、土の地面には水がゆっくりしみこむため、川の水量が急激に増えることはありません。また、水田やため池は雨水をためることができ、川の氾濫をふせぎます。

大雨が降ったとき、水田に一時期、雨をためることで、川の水位をおさえることができる。

都市化によって増える短時間のはげしい雨

夏の時期、都市部の気温がまわりの地域とくらべて、高温になることを「ヒートアイランド現象」といいます。ヒートアイランド現象が起こる原因の1つに、都市部での熱をためこむコンクリートやアスファルトの増加が挙げられます。また、ヒートアイランド現象によってあたためられた空気が上昇し、せまい範囲に積乱雲を発生させ、短時間の大雨（局地的大雨）をもたらすことがあります。

都市部で発生した、大雨をもたらす雨雲。

ヒートアイランド現象は、
自動車やビルの排熱、
高層ビルによる風通しの悪さなども
関係しているんだ

都市化した後の雨水の行き先

地面がコンクリートやアスファルトでおおわれているため、雨水は下水道管に集めて川に流しますが、雨水の量が多すぎると下水道管から水があふれでる内水氾濫や、一気に川へ流れこんだ雨水による外水氾濫が起こりやすくなります（➡2巻）。

低い土地に川の水が流れこみ、浸水被害が出ることがある。
地中に雨水がしみこみにくい

水をたくわえることができない森

森が放置されてやせていく

もともと、森林は水をたくわえ、雨水をきれいにするはたらきがあります（➡1巻）。落葉や枯れ草などが積もった土は、スポンジのようにやわらかく、ゆっくりと水を吸収します。

日本は、国土面積のうちの約70%を森林が占めています。その約40%がスギやヒノキなどの人工林とよばれるもの。人工林は自然にある天然林とちがい、人が管理をしないと維持できないいわば「木の畑」です。

日本には、手入れがされていない人工林がたくさんあります。幹が密集し、枝葉はのび放題なため、太陽の光がさえぎられ、下草が生えにくくなります。落葉も積もらず、土がかたくなり、水をたくわえる機能も失われてしまいます。

水をたくわえる森とは

栄養豊かな森林は、雨水をたっぷり吸収し、きれいな地下水をつくり、少しずつ川へともどしていくはたらきがあります。

土が雨水をゆっくり吸収する
地下水
地下水となって川へ流れこむ

手入れの行きとどいた人工林。太陽の光が地面までとどくため、下草のほか、低木なども生える。

戦後、人工林がたくさん植えられたけれど、安い海外の木材が大量に輸入されるようになり日本の木材が使われなくなった。
そのため、放置された森が増えていったんだ

手入れされていない人工林。森の中は暗く、下草や低木は育たない。本来は、よぶんな枝を切り落としたり、過密にならないように適度な間隔で木を切ったりしないといけない。

（写真提供：院庄林業株式会社）

放置された森林が原因で起こる災害

手入れをしていない、スギやヒノキなどの針葉樹からなる人工林は、下草や低木が育たないため、雨水が直接地面に降り注ぎます。そのため、水をたくわえる大切な土がたくさん流れ出てしまい、根がむき出しになっています。

こうした状況で大雨が降ると、雨水が一気に川へ流れこみ、氾濫の原因になったり、土砂災害の原因になったりします。

このような被害を出さないためには、人工林の手入れをしっかりとおこなう必要があります。

また、人工林の中に、樹高や根の広がりなどが針葉樹とことなるブナ、クヌギなどの広葉樹をいっしょに植えることで、土の流出をふせぐという取り組みもあります。

手入れが不十分な人工林では、土砂崩れが起きやすい。

針葉樹と広葉樹が混ざり合う針広混交林。土の流出をふせぐとともに、広葉樹をえさとしている昆虫、鳥、動物などが増え、豊かな生態系をつくるといわれている。

（写真提供：アフロ）

はたらく人に聞いてみよう

森を元気にする

住友林業株式会社　資源環境事業本部
森林資源部　新居浜森林事業所　平方広大さん

わたしたちの仕事は、森を適切に管理して、建物や家具の材料となる木を育てることです。昔は、木を植える場所まで苗木をかついで登っていましたが、最近ではドローンで苗木を運ぶといった新しい技術も取り入れています。

木は植える、育てる、切る、加工する、使うというじゅんかんをさせることで、何度もくり返し生産することができる大切な資源です。ほったらかしにせず、きちんと人の手で管理する必要があります。そのためには、若い人にも林業に参加していただきたいと思っています。

ドローンで運ばれている苗木。

森を管理する人が
足りないんだって。
若い人がもっと
参加してくれるといいな

失われていく森林

人間の活動で消える森

世界の森林面積は、約40億6000万ヘクタールあり、全陸地面積の約3割を占めています。1990年から2020年まで、約1億7800万ヘクタールの森林が減少しています（世界森林資源評価2020）。

減少しているおもな地域は、南アメリカやアフリカなどにある熱帯雨林で、減少の理由のひとつは無計画な森林伐採です。森林が回復しないうちに、次つぎと伐採をくり返すことで、深刻な森林破壊をまねいています。

ここ数年、森林の減少率はゆるやかになってきているものの、今もなお、世界の森林は減り続けています。

南アメリカ北部に広がる高温多湿な森林、アマゾンの熱帯雨林。多くの河川があり、地球上にある淡水の15%を占めるといわれている。

ダイズを育てるために伐採されたアマゾンの熱帯雨林。写真の下側がダイズ畑。

天然林を伐採することは、そこにくらす人びとや生き物に大きな影響をあたえることになるよ

森林の減少のほとんどは、無計画な森林伐採が原因です。また、アマゾンの熱帯雨林での伐採の多くは、国の法律に違反しておこなわれている「違法伐採」であるとされています。

土地開発

サトウキビやダイズ、パームヤシなど、輸出農作物をつくったり、放牧地をつくったりする。また、森林をこわして道路なども建設されている。

木の利用

木材燃料や建築材などに利用したり、紙の原料となるパルプをとったりする。

日本と世界、両方の森を救う方法はあるのかな？

森を守るためにできること

水のじゅんかんをささえる森林を守るために、
わたしたちができる身近なことについて調べてみましょう。

森林認証制度のマークがついた製品を買う

わたしたちにできること、それは違法伐採された木材や、その木材を使った製品は選ばず、適切に管理された森林から伐採された木材や製品を選ぶことです。

FSC®（Forest Stewardship Council® 森林管理協議会）は、世界的な森林減少や劣化をふせぐために設立された国際的な非営利団体です。FSC®では、森林を正しく管理し、環境やそこにくらす人たちの権利を守って生産された木材を使った製品にFSC®のマークをつけ、認証製品として販売しています。

消費者が積極的にFSC®のマークが入った製品を買うことで、適切に管理された森林が増え、森林破壊をふせぐことにつながります。

FSC®のマークは、適切に管理された森林から生産され、さらに流通・加工の工程でも正しく管理された製品につけられる。

認証マークは紙製品（おかしのパッケージやコピー用紙など）で見つけることができる。

FSC®が認める再生紙は
100%古紙から
リサイクルされているんだって。
これなら、かぎりある
森林資源を大切にできるよね

国産の木材を使う

林野庁によると、2021（令和3）年の日本の木材自給率は、41.1%です。木材自給率とは、国内で消費される木材のうち、国産木材が占める割合のこと。つまり、約6割は輸入木材に頼っているのです。

違法伐採された海外の木材を国内に流通させないためにも、国産木材を積極的に活用する必要があります。このことは、世界の森を守るだけでなく、日本の林業を活性化させ、日本の森を守ることにもつながります（➡28ページ）。

国産木材を用いて建てた家。秋田スギ、伊勢ヒノキ、北海道・岩手カラマツといった国産木材は、日本の夏の湿気や冬のきびしい寒さにも適している。
（写真提供：古河林業株式会社）

排水による水質汚染

家庭から出る生活排水

日本の水質汚染は、戦後、経済発展とともに、都市や工業地帯を中心に広がっていきました。家庭からは、台所やトイレ、ふろなどの生活排水が出ます。有機物や窒素、リンなどをふくむ生活排水は下水道を流れ、下水処理場（➡2巻）できれいにしてから川へ流されます。

2021（令和３）年度末の全国の下水道の普及率は80%ほどです（日本下水道協会調べ）。また、各家庭の生活排水をきれいにする浄化そう（➡2巻）を設置する対策もおこなわれており、全国の汚水処理人口普及率は、2021（令和３）年度末、約93%にものぼります。さらに、下水処理場のふつうの処理では、窒素やリンは全体の半分も取りのぞくことはできませんが、高度処理とよばれる方法では、約80%取りのぞくことができます。国土交通省の調べによると、高度処理の普及率は60%程度（2020年度）で、すべての下水処理場で高度処理を取り入れれば、水質はさらに改善するはずです。

水中で窒素やリンがふえると、アオコとよばれる植物プランクトンが異常増殖する。流れが少ない池や沼などで発生しやすい。

川の水質の移り変わり

縦軸の数値が大きいほどよごれがひどいことを示しています。川の水質は年ねんよくなってきています。

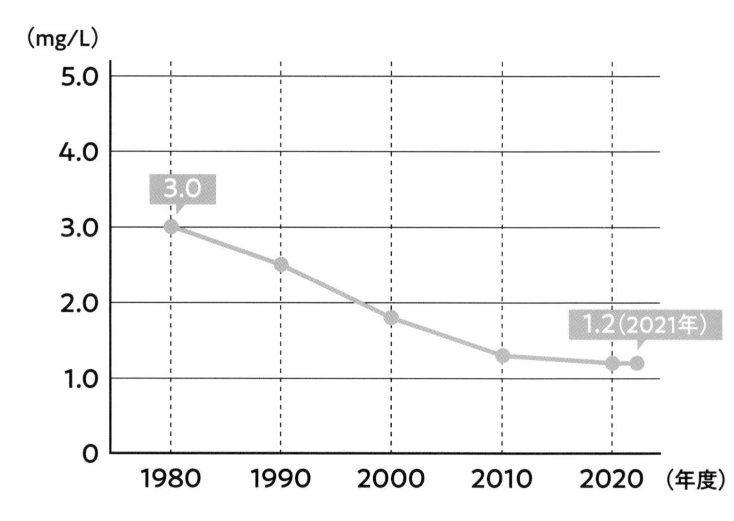

出典：令和3年度公共用水域水質測定結果(環境省 水・大気環境局)
全国の2577水域での河川の水質状況を、BOD（生物化学的酸素要求度）の年間平均値で示している。BODとは水中の微生物が有機物を分解するときに必要な酸素の量のこと。

生活排水をきれいにする合併処理浄化そう。

下水処理場や浄化そうの処理能力にも限界があるから、毎日のくらしで使う水をできるだけよごさないことが大切ね

工場から出る工業排水

工業排水とは、工場などで製品の加工や洗浄などに使われたあとに出る排水のことで、有機物によるよごれのほか、生き物の健康を害する有害物質をふくんでいる場合があります。たとえば、メチル水銀やカドミウムといった有害物質は、過去に水俣病、イタイイタイ病といった重大な健康被害を起こしました。これをきっかけに、1970（昭和45）年、水質汚濁防止法が制定され、汚染された排水をそのまま流さないよう、厳しく規制されました。そこで、企業は浄化装置を設置し、有害物質をふくんだ排水が工場の外に出ないように対策をとっています。

また畜産業での家畜のふん尿も、そのまま川へ流すと汚染の原因となるため、工業排水と同様に処理が義務づけられています。

工場の排水浄化装置。水槽の底に、効率よく空気を送りこむ特殊な羽根装置を設置して、細かい泡を発生させる。まきあげられたよごれは細かくくだかれ、微生物のえさとなる。

（写真提供：株式会社アイエンス）

有害物質は生き物のからだから排出されず、たまることもあるんだ

有害物質が川や海に流されると

川や海に流された有害物質は、まずプランクトンなどの微生物に取りこまれます。プランクトンを小さい魚が食べ、小さい魚は大きな魚によって食べられ、どんどん有害物質が濃縮されていきます。最終的には、有害物質がたまった魚を人が食べることになります。

水質汚染による公害

メチル水銀は化学工場から排出された（1963（昭和38）年撮影）。

（写真提供：水俣市立水俣病資料館）

1950～1960年代、熊本県水俣湾沿岸で、手足のしびれ、からだのふらつきなどの原因不明の症状で医師の診察を受ける人が増えました。これらの症状は、じつは工場から海や川に流されたメチル水銀という有害物質が、魚介類を通して人に害を与えていたのです。

この病気は水俣湾沿岸で発生したため、「水俣病」とよばれました。こうした病気は、最初は原因が不明でしたが、国や自治体による調査や研究によって、水質汚染がもとになっていることが解明されました。

干がたには どんな生き物がいるの？

干がたは、さまざまな生き物を
はぐくみ、よごれた水も
きれいにしてくれるんだ！

干がたとは、河口付近や湾、海水が出入りする湖にあり、潮が引いたときにあらわれる、どろや砂でできた場所のことです。干がたの役割や、そこにくらす生き物について調べてみましょう。

干がたは生き物のすみか

干がたには、窒素やリンなどの養分や、生き物の死がい、落ち葉などの有機物をふくんだどろや砂が、川の水によって運ばれてきます。窒素やリンは海にくらす植物プランクトンの、有機物は細菌の栄養源になります。さらに、これらを食べるゴカイや貝、カニなどの生き物が集まります。干がたは栄養豊富な場所であるため、さまざまな生き物のすみかとなっています。

また、川の水は、生活排水（➡32ページ）などによるよごれも多くふくんでいます。干がたの生き物は、こういった川の水のよごれをきれいにする役割もになっています。

伊勢湾最奥部にある藤前干がた。愛知県西部の庄内川、新川、日光川の3つの河川が合流する河口部に位置する。（写真提供：アフロ）

藤前干がたでは広大な泥の平原が広がり、もっとも潮が引いたときは東京ドーム50個分の広さになる。

（出典：環境省中部地方環境事務所藤前干潟ホームページ https://chubu.env.go.jp/wildlife/fujimae/index.html）

干がたは水をきれいにする

川のよごれは植物プランクトンや微生物の栄養となり、次にそれらをゴカイや貝などの生き物が食べ、さらに、それを魚や鳥などが食べます。このような流れのなかで、干がたの生き物は、よごれた水をきれいしています。

川のよごれ（有機物や窒素、リンなど） ➡ 微生物 ➡ ゴカイや貝など ➡ 魚や鳥

潮が引くと、干がたが空気にさらされて、
酸素がたくさん供給されるから、
干がたの細菌が活発になって
有機物をたくさん分解できるんだって

干がたにいる生き物

　干がたには、ゴカイや貝、カニ、エビ、魚、鳥などさまざまな生き物がくらしています。

　機会があれば、自分の住んでいる場所に近い干がたをおとずれ、どんな生き物がいるのか調べてみましょう。

　1日の中で、潮が引いている時間帯（干潮）を調べてから行きましょう。また、半月に1回くらいやってくる、もっとも潮の満ち引きの差が大きい大潮の日を選ぶのがよいでしょう。

タマシキゴカイ

砂やどろの中にいて、細菌がついた有機物を食べ、出したふんを積み上げる。

（写真提供：ふなばし三番瀬環境学習館）

コメツキガニ

砂つぶを口に入れ、有機物や微生物をこしとって食べる。残りの砂は丸く固めて足元に捨てる。

（写真提供：http://kimagurenote.net/）

アラムシロ

ふだんは砂の中にかくれているが、生き物や死がいのにおいをかぎつけると、集まって食べる。

（写真提供：ふなばし三番瀬環境学習館）

ムツゴロウ

春から夏にかけて干がたで活動し、ジャンプして移動する。

ダイシャクシギ

長いくちばしで穴にかくれているカニをとらえて丸のみにする。

干がたを守る活動

　日本では、戦後、多くの干がたが埋め立てられ、消滅してしまいました。しかし、近年では、残された干がたの価値が再認識され、干がたを保護する試みが各地でおこなわれています。

　干がたを利用する漁業者だけでなく、地元の人たちとも協力し、干がたを守っていくことが大切です。

よごれをきれいにするアサリなどの二枚貝を食べる、ヒトデなどを取りのぞく。

干がたがかたまり、どろや砂の中の酸素が減少しないように、定期的にたがやす。

（写真提供：愛知県農業水産局水産課）

このほか、干がたのどろや砂が移動しないように土のうを置いたり、ごみを拾ったりして干がたを守っているんだって

海にたまっていくプラスチックごみ

大量のプラスチック製品がごみとなり海に流される

洋服やペットボトル、おもちゃ、食品トレーなど、わたしたちの身のまわりにはプラスチックからつくられたものがたくさんあります。そして、それらの多くは使い捨てにされ、ごみの一部は川から海に流れこみ、海洋ごみとなって海の生き物に悪い影響をあたえています。

2016年の世界経済フォーラムの報告書によると、世界の海にあるとされるプラスチックごみの量は推定1億5000万トンであり、さらに毎年800万トンほどのごみがあらたに海に流されているといわれています。これらのプラスチックは、自然の中で分解されることなく、この先もずっと存在し続けます。

日本沿岸の漂着ごみの種類トップ5

2011（平成23）年度から2019（令和元）年度まで、日本沿岸の複数地点の海岸に打ち上げられた漂着ごみの数を、59回調査しました。人工物のうち、占める割合が多かったのは、プラスチックでした。

順位	種類	割合
1位	ボトルのキャップ	17.6%
2位	プラスチック製ロープ、ひも	16.6%
3位	木材	9.2%
4位	ペットボトル（2L未満）	6.9%
5位	プラスチック製漁具（ルアー、浮きなど）	4.2%

出典：海洋ごみ実態把握調査（平成22～令和元年度）のとりまとめについて（環境省水・大気環境局水環境課海洋環境室）2020（令和2）年

2018年度、日本の沿岸で回収された漂着ごみの合計は約3.2万トンにもなる

写真は福井県常神半島の海水浴場。海流にのってたくさんのプラスチックごみが打ち寄せられた海岸。

漁業で使う網にからまってしまったウミガメ。魚類や海鳥、アザラシなどの生き物がプラスチックごみの犠牲となっているといわれている。

（写真提供：アフロ）

漂着ごみは外国からもやってくる

漂着ごみは日本のごみだけではありません。海流（➡19ページ）にのって、海外からもやってきます。プラスチックはとても軽いため、風や海流にのって遠くまで運ばれます。たとえば、太平洋側でのごみの多くは日本で出たものですが、日本海側では中国、韓国などからのごみが見られます。

一方、日本のごみも、同じように海外へ流れています。たとえば、太平洋側のごみは、ハワイやアメリカまで流れてしまうこともあります。

わたしたちのごみが、
遠くの外国に流れついて
めいわくをかけている
かもしれないのね…

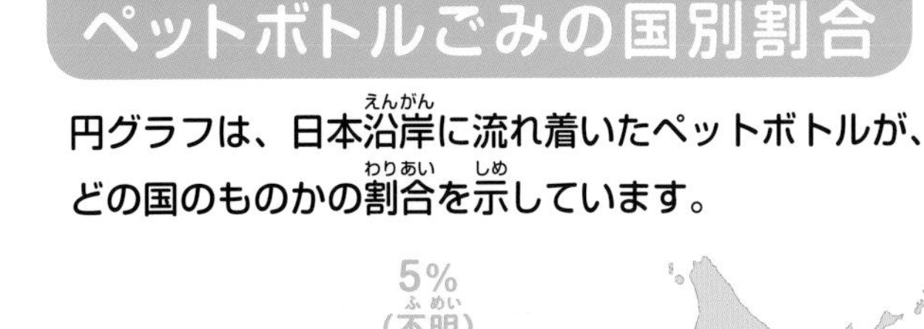

円グラフは、日本沿岸に流れ着いたペットボトルが、どの国のものかの割合を示しています。

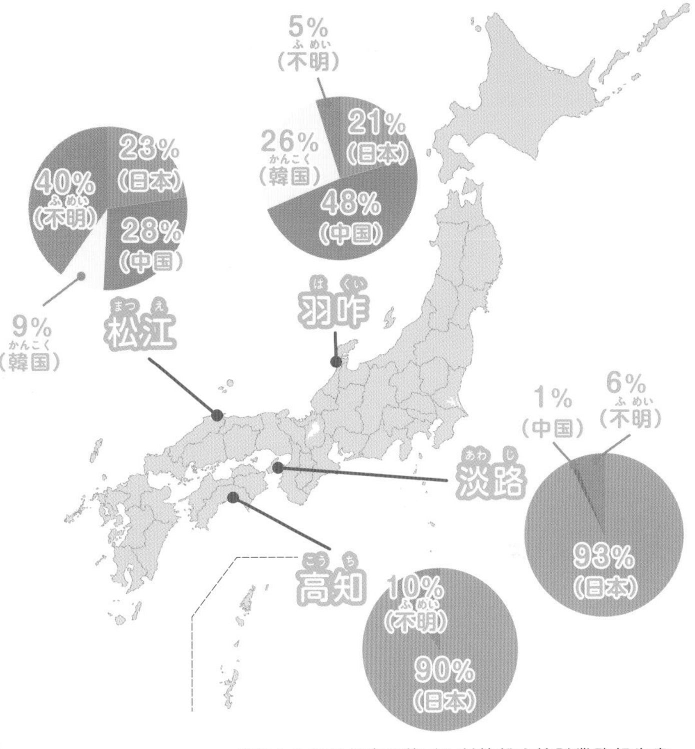

出典：令和元年度漂着ごみ対策総合検討業務報告書【概要版】（日本エヌ・ユー・エス株式会社）

はたらく人に聞いてみよう

年間1万個のルアーを回収してリメイクし販売する

静岡県焼津市　Marine Sweeper（マリンスイーパー）　土井佑太さん

静岡県焼津市の海は多くの釣り人がおとずれる人気スポットです。しかし、海底の岩にルアーや釣りのしかけ、釣り糸がひっかかり（根がかりといいます）、そのまま放置されてしまうことがよくあります。わたしは、もともとダイバーで、美しい海を泳ぐのが大好きでした。そこで、海底の根がかりをきれいにそうじし、本来の海のすがたを取りもどしたいと思い、2021年に「Marine Sweeper」を設立。毎週、海にもぐって、海底のごみを拾い、2021年度は約１万本の根がかりを回収しました。回収したルアーは新しく色をぬりなおしてリメイクし、再利用品として安く販売するというビジネスにも挑戦しています。環境保護とビジネスをバランスよくまわし、マリンスイーパーの活動を今後も続けていきたいと思っています。

回収されたルアーを持つ土井さん。

左が回収したルアーで、右がリメイクしたルアー。

「マイクロプラスチック」って何?

直径5mm以下のプラスチックごみのことを「マイクロプラスチック」といいます。海をよごすだけでなく、生き物の健康もおびやかす可能性がある危険なごみです。

プラスチックごみは細かくなって海をただよう

長い時間をかけて海をただよったプラスチックごみは、太陽の光によってもろくなり、波や風などによって細かくくだかれていきます。最終的に、直径5mm以下の「マイクロプラスチック」という粒子になります。

細かくなってしまうと回収するのがとても大変です。マイクロプラスチックは、海流にのって世界中に広がっており、深刻な海洋汚染のひとつになっています。

砂浜に流れ着いたマイクロプラスチック。砂のように見える。

マイクロプラスチックの種類とできかた

マイクロプラスチックには2種類あります。ひとつは「1次的マイクロプラスチック」といい、もともと小さい（5mm以下）もの。もうひとつは、「2次的マイクロプラスチック」といい、大きなプラスチック製品が細かくくだかれてできたものです。

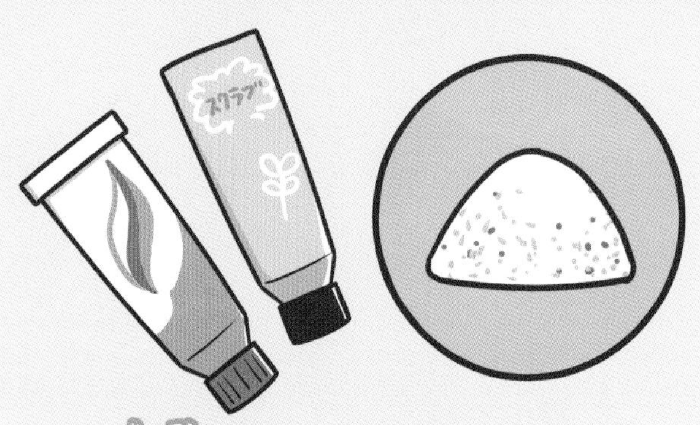

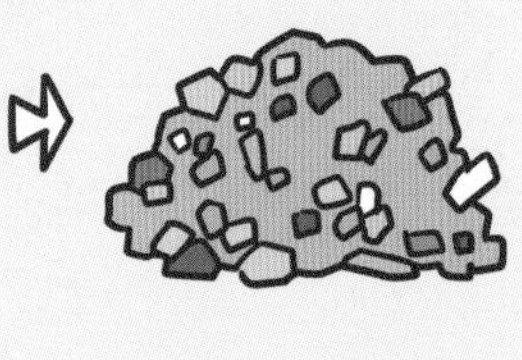

1次的マイクロプラスチック

歯みがきや洗顔料にふくまれる、研磨（スクラブ）剤など。もともと小さいため、一度流出すると回収するのがむずかしい。

2次的マイクロプラスチック

ペットボトル、レジ袋などさまざまなプラスチック製品が太陽光などで劣化し、風や波などで細かくくだかれてできたもの。

有害物質を運ぶマイクロプラスチック

マイクロプラスチックは海の環境をよごすだけでなく、生き物の健康を害するおそれがあります。プランクトンや貝、魚など、海の生き物が食べ物といっしょにマイクロプラスチックも食べてしまうからです。

2015年、東京湾のカタクチイワシを調査したところ、調査した個体の8割からマイクロプラスチックが発見されました。

マイクロプラスチックには、生き物にとって有害な化学物質がくっついていることがあります。わたしたちが魚介類を食べることによって、それらの有害物質が体内に取りこまれ、蓄積されることで、健康を害する可能性があると考えられています。

生き物に取りこまれるマイクロプラスチック

有害物質がくっついたマイクロプラスチックは、最初はプランクトンなどの小さな生き物によって取りこまれます。プランクトンはイワシなどの小魚に食べられ、小魚は大きい魚に食べられます。このくり返しによって、有害物質が濃縮されていくと考えられています。

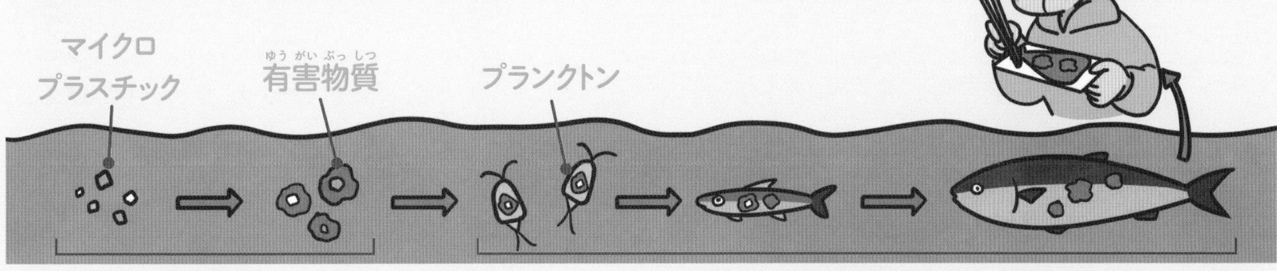
人が有害物質を取りこむ。
マイクロプラスチック
有害物質
プランクトン
海中の有害物質がくっつく。
プラスチックは排出されるが、有害物質は、生き物の体内にたまっていく。

海のプラスチックごみをふやさないために

日本各地では、ボランティアによって砂浜に流れ着いた、プラスチックなどの海洋ごみを回収する清掃活動がおこなわれています。このような活動に参加することは、海の環境問題を考えるよいきっかけになります。

また、ふだんの生活で、なるべく環境中にプラスチックごみを出さないこと、プラスチックをなるべく使わないようにすることが、海のごみを減らす有効な方法であるといえます。

大分県中津市の三百間海岸でおこなわれた清掃活動。
(写真提供：NPO法人 水辺に遊ぶ会)

実際に海岸に行って、どんなごみが漂着しているか観察してみるのもいいね

4 温暖化と水のじゅんかん

地球温暖化は、水のじゅんかんを変化させ、地球規模で極端な高温や大雨、乾燥などを発生させることがあります。

温暖化によって起こる気候変動

地球温暖化とは、人間の活動によって、大気中に大量に排出された二酸化炭素などにより、地球全体の平均気温が上がっていく現象のことをいいます。二酸化炭素は、石油、石炭などの化石燃料を燃やすと出ます。火力発電や自動車、工場などから出る大量の二酸化炭素は、地球温暖化を起こす原因となっています。

温暖化は、ただ気温が上がるだけではありません。水のじゅんかんにも大きな影響をあたえます。水は、海や川、水蒸気、雨、氷などさまざまなすがたで地球上をじゅんかんしています（➡18ページ）。温暖化が進むと、蒸発する水の量が増えて大雨が降ったり、極端な高温、乾燥が発生したりと、さまざまな気候変動を引き起こすと考えられています。

温暖化が進むと…

海や陸から水がたくさん蒸発し、ある地域では大雨が降り、またある地域では乾燥して砂漠化が進むという極端な気候になると考えられています。

海や陸からたくさんの水が蒸発するため、はげしい雨が降る（➡42ページ）。

海水温が上がり、たくさんの水が蒸発するため、巨大な台風が増える（➡43ページ）。

水蒸気

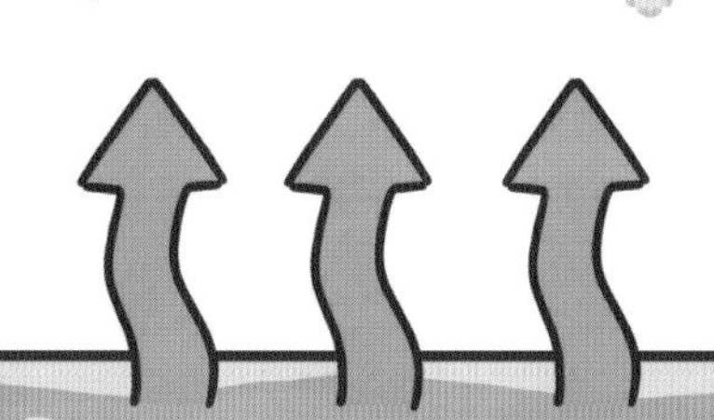

永久凍土がとけるとどうなるの?

永久凍土(➡23ページ)は、少なくとも約2万年前の氷期(地球が寒かった時代)のころからこおっていると考えられており、凍土中には、有機物(植物など)がたくさんふくまれています。永久凍土がとけると、凍土中の微生物がこれらを分解し、二酸化炭素やメタンガスが発生します。メタンガスが地球をあたためる効果は、二酸化炭素の28倍あります。永久凍土がとけてメタンガスが放出されると、急激に温暖化が進む可能性があるといわれています。

シベリアの平原にあらわれた穴。永久凍土の下にたまっていたメタンガスなどの圧力が高まり、地表をふき飛ばしてできた穴だといわれている。

(写真提供:アフロ)

海面が上昇したり、
氷がとけたりすると、
何が問題になるの?
生き物のすみかが
うばわれてしまうんだ
水蒸気

氷がとける

気温が上がるため、氷河(➡22ページ)がとける。

砂漠化が進む

長期間雨が降らず、陸からたくさんの水が蒸発するため、干ばつ(➡43ページ)が起こりやすくなり、砂漠化が進む。

海面が上昇する

海水温が上がると体積がぼうちょうし、海面が上がると考えられている。

異常気象にえいきょうをあたえる温暖化

はげしい大雨が降るようになる

温暖化によって気温が上がると、空気中にふくまれる水蒸気の量が増えます（➡20ページ）。そのため、海水温が上昇した海上では、次つぎと雨雲が発生し、特定の地域ではげしい雨が降ると指摘されています。近年、毎年7月ごろに九州地方に大雨が降るのも、海水温の上昇が原因と考えられています。

今後、温暖化がさらに進むと、雨の強さが増し、大雨の発生回数も増えていくと予測されています。

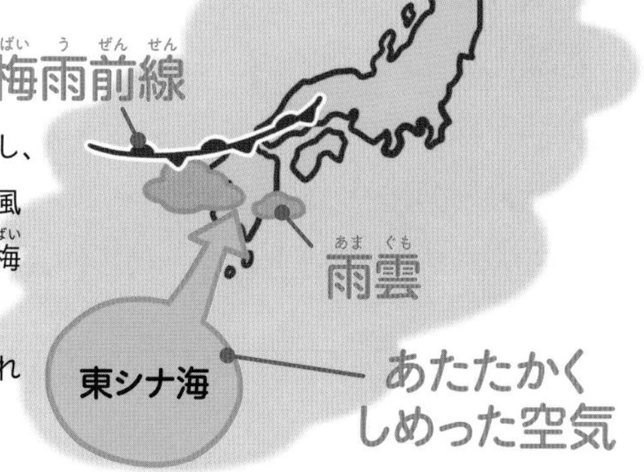

東シナ海の海水温が上昇し、大量の水蒸気をふくんだ風が九州地方へ吹きこみ、梅雨前線を刺激することで、大雨をもたらすと考えられている。

（写真提供：中日本航空株式会社）

2020年に起きた令和2年7月豪雨（福岡県大牟田市）。東シナ海のあたたかくしめった空気が梅雨前線に向かって流れこんだことで、記録的な大雨が降り、大きな被害を出した。

全国での大雨の年間発生回数

1時間あたりの降水量が、50mm以上の大雨の年間発生回数を示しています。50mmとはバケツをひっくり返したようにはげしく降る雨のことです。ここ10年間で、増減はあるものの、発生回数が増えています。

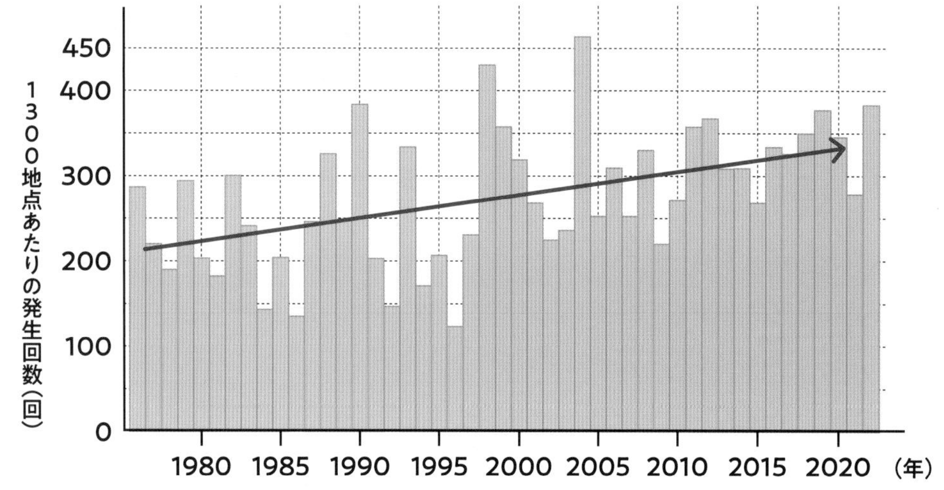

出典：気象庁HPより「全国（アメダス）の1時間降水量50mm以上、80mm以上、100mm以上の年間発生回数」

これまでよりたくさんの水が蒸発し、雨として降っているんだね

超巨大台風が増える

台風とは、赤道近くのあたたかい海で生まれた低気圧のことです。太陽の光によってあたためられた、大量の水蒸気をふくんだ空気が、空へのぼって雲を発達させ、台風へ成長します。

温暖化によって海水温が上がると、これまでより大きな台風が発生しやすくなります。はげしい雨と暴風をもたらす「スーパー台風」とよばれる台風が増えると予測されています。

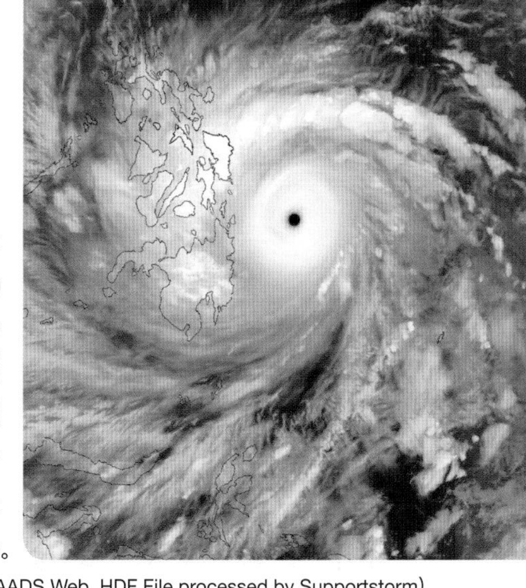

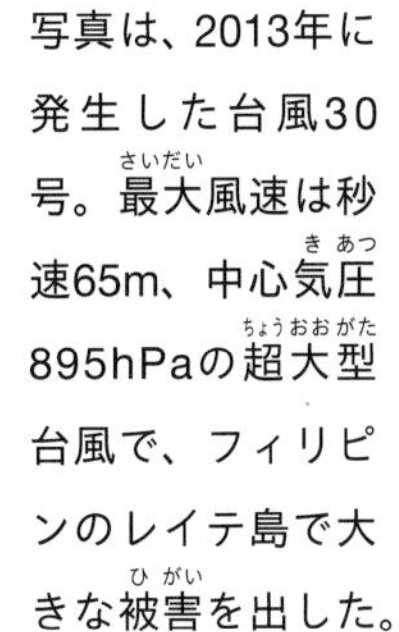

写真は、2013年に発生した台風30号。最大風速は秒速65m、中心気圧895hPaの超大型台風で、フィリピンのレイテ島で大きな被害を出した。

(写真提供：NASA, LAADS Web, HDF File processed by Supportstorm)

洪水が増える

温暖化によって大雨が増えたり、巨大台風が増えたりすると、これまでより洪水が起こりやすくなります。また、気温が上がって氷河(➡22ページ) がとけると、とけた水が谷などにたまり、氷河湖ができることがあります。氷河の氷がとけつづけ、湖の水の量が一定以上になると、決壊して大洪水を起こす可能性があります。

世界では、氷河湖のまわりにくらしている1500万人が、洪水の被害にあう危険性があるといわれています。

決壊のおそれがあるといわれている氷河湖のひとつ、ネパール北東部にあるイムジャ湖。

(写真提供：Daniel Alton Byers)

干ばつが増える

長い間雨が降らず、水が足りなくなることを「干ばつ」といいます。温暖化によって大雨が降る地域が増えるいっぽう、雨が降らずに乾燥が進み、干ばつが起こる地域も増えてくると予測されています。

干ばつが増えると、飲み水が手に入らなくなるのはもちろん、農作物も育たなくなり、世界的な食料不足になる可能性があります。

今世紀中に干ばつが起こりやすくなる地域

温暖化によって、過去最大をこえる干ばつが5年以上つづくであろう地域をあらわしています。色がこいほど、干ばつが起こる時期が早くなることを示しています。

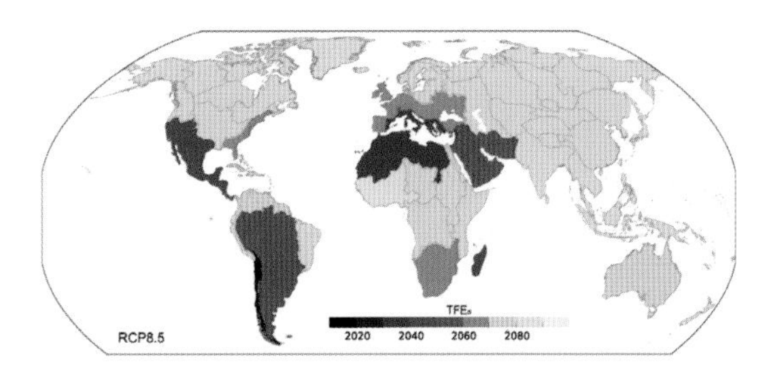

出典：Satoh Y.,Yoshimura K.,Pokhrel Y.et al. The timing of unprecedented hydrological drought under climate change.Nat Commun 13 3287(2022).

地球温暖化をふせぐには

地球の気候をくるわす温暖化は、化石燃料を燃やすことで排出される二酸化炭素の増加が大きな原因のひとつです。まずは、化石燃料の消費量をおさえなくてはなりません。

地球温暖化対策の国際的な枠組みとして、2016年に発効した「パリ協定」があります。世界196か国がそれぞれの二酸化炭素の削減目標をかかげて参加したパリ協定では、世界の平均気温の上昇を18世紀の産業革命前にくらべて2℃より十分低く保ち、1.5℃におさえる努力をすることを目指しています。

地球温暖化は地球全体の問題です。日本をふくむ世界の国ぐにが協力して取り組む必要があります。

二酸化炭素を減らす取り組み

日本では二酸化炭素の排出量を減らすための、さまざまな取り組みをしています。また、削減できなかった分は、森林の保全活動や植林をおこなって吸収量を差し引き、排出量を実質ゼロにする「カーボンニュートラル」という取り組みもしています。

再生可能エネルギー
太陽光、水力、風力、地熱、バイオマス（動物のふんや木材などを燃やす）など、自然の力を利用して発電する。
木を増やす
大気中に排出された二酸化炭素を吸収する樹木を増やす。ただ、植えるだけでなく、正しく管理していかないといけない（➡28ページ）。
低燃費車の利用
自動車を使う場合は、二酸化炭素の排出量が少ない燃費のよい車や、ハイブリッド自動車、電気自動車などを利用する。
公共交通機関の利用
自動車をなるべく使わず、バスや鉄道などの公共交通機関を使う。
省エネルギー
電気をこまめに消したり、照明を少ない電力で長く使えるLEDに変えたり、使用する電気を節約する（➡45ページ）。

地球温暖化をふせぐためにできること

温暖化防止のために、ぼくたち一人ひとりにできることもあるよ！

一つひとつが小さな取り組みでも、みんなでやれば、温暖化をくいとめることができるはずです。

節電する

現在、多くの電気は化石燃料を燃やしてつくられているため、二酸化炭素を出す原因になります。無理のない範囲で使う電気を節約しましょう。

使わない家電製品のコンセントはぬいておく。

新しい家電を買うときは、省エネ機能があるものを選ぶ。

使い捨てのプラスチック製品を使わない

ストローやレジ袋、使い捨てスプーンやフォークなどのプラスチック製品は、できるだけ使わないようにしましょう。使うたびにプラスチックを捨てると、その分ごみとして燃やすため、二酸化炭素を排出します。

また、川や海へ流れたプラスチックは、自然界では分解されません（➡36ページ）。ごみの一部が環境中へ流出し、海洋汚染につながります。

マイスプーン、マイフォーク、マイボトルを持ち歩く。

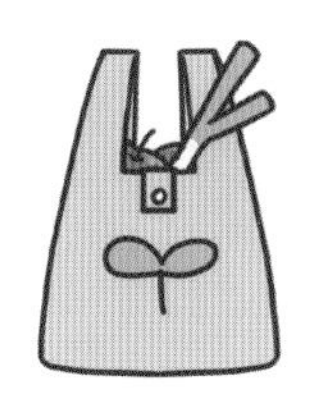

レジ袋ではなくエコバッグを使う。

プラスチック容器やペットボトルはきちんと分別してリサイクルすれば、ごみが資源になる。

食べ残しをしない

捨てられた食べ物は、ごみとして燃やすときに多くのエネルギーを使い、二酸化炭素を排出します。賞味期限内に食べきることや、食べきれる量をつくり、食べ残さないようにすることが大切です。

さくいん

ここでは、この本に出てくる重要な用語を50音順にならべ、その内容が出ているページをのせています。
調べたいことがあったら、そのページを見てみましょう。

クイズの答え

第1問の答え ① ➡7ページ
赤ちゃんは体重の80%以上も水分量がある。

第2問の答え ② ➡9ページ
汗や尿、吐く息にふくまれる水蒸気として、からだの外に出されている。

第3問の答え ③ ➡13ページ
光合成をおこなうことで、水と二酸化炭素からでんぷんをつくり出している。

第4問の答え ③ ➡18ページ
地球上の水のほとんどは、液体の状態で存在している。液体の水は約98.2%、氷は約1.8%、水蒸気は約0.0009%。

第5問の答え ① ➡22〜23ページ
氷山とは氷河が海に流れ、うかんでいるもの。永久凍土とは土壌の温度が、2年以上つづけて氷点下になるこおった地盤のことをいう。

第6問の答え ② ➡28ページ
人工林の多くはスギやヒノキなどの針葉樹。その多くが、手入れが行きとどかず、放置されて問題になっている。

第7問の答え ① ➡34ページ
干がたは河口付近や湾、海水が出入りする湖にある。微生物のすみかとなっていて、川から運ばれてくるよごれをきれいにするはたらきがある。

第8問の答え ② ➡36ページ
日本沿岸に打ち上げられた漂着ごみ（人工物）は、プラスチックごみが占める割合が多い。

第9問の答え ① ➡40ページ
石炭や石油といった化石燃料は、温暖化の原因となる二酸化炭素を多く排出する。

第10問の答え ③ ➡41ページ
永久凍土がとけると、凍土の中にとじこめられていた二酸化炭素やメタンガスが大気中に放出され、温暖化を進めるといわれている。

監修
西嶋 渉（にしじま わたる）

広島大学環境安全センター教授・センター長。研究分野は、環境学、環境創成学、自然共生システム。水処理や循環型社会システムの技術開発、沿岸海域の環境管理・保全・再生技術開発などを調査・研究している。公益社団法人日本水環境学会会長、環境省中央環境審議会水環境部会瀬戸内海環境保全小委員会委員長。共著に『水環境の事典』（朝倉書店）など。

［スタッフ］
キャラクターデザイン／まじかる
イラスト／まじかる、大山瑞希、青山奈月貴、永田勝也
装丁・本文デザイン／大悟法淳一、中村あきほ、神山章乃
（ごぼうデザイン事務所）
図版作成／坂川由美香
地図作成／株式会社千秋社
校正／株式会社みね工房
執筆協力／鈴木 愛
編集・制作／株式会社KANADEL

［取材・写真協力］
istock/Getty Images／愛知県農業水産局水産課／院庄林業株式会社／NPO法人水辺に遊ぶ会／株式会社アイエンス／株式会社アフロ／環境省中部地方環境事務所／気象庁／住友林業株式会社／土井佑太／中日本航空株式会社／ピクスタ株式会社／ふなばし三番瀬環境学習館／古河林業株式会社／水俣市立水俣病資料館

水のひみつ大研究 3
水と環境をみんなで守れ！

発行　2023年4月　第1刷

監修	西嶋 渉
発行者	千葉 均
編集	大久保美希
発行所	株式会社ポプラ社 〒102-8519　東京都千代田区麹町4-2-6 ホームページ　www.poplar.co.jp（ポプラ社） kodomottolab.poplar.co.jp（こどもっとラボ）
印刷・製本	今井印刷株式会社

ISBN978-4-591-17656-6　N.D.C.468／47p／29cm Printed in Japan

P7238003

水のひみつ大研究

全5巻

監修 西嶋 渉

- 上水道、下水道のしくみから、水と環境の関わり、世界の水事情まで、水についていろいろな角度から学べます。
- イラストや写真をたくさん使い、見て楽しく、わかりやすいのが特長です。

1 水道のしくみを探れ！
2 使った水のゆくえを追え！
3 水と環境をみんなで守れ！
4 水資源を調査せよ！
5 世界の水の未来をつくれ！

小学校中学年から
A4変型判／各47ページ
N.D.C.518

図書館用特別堅牢製本図書

水のひみつ大研究

※この本の34～35ページを見ながらまとめてみよう。

テーマ　干（ひ）がたを調べてみよう

名前

干（ひ）がたをおとずれた日時　月　日（午前・午後　時ごろ）

干（ひ）がたの名前　干（ひ）がた（　　　）

干（ひ）がたのある場所について調べよう

干（ひ）がたに流れこむ川の名前、
干（ひ）がたがある湾（わん）や入り江（え）の名前など、
地図で調べて書きこもう。

干（ひ）がたで発見したことをまとめよう

絵であらわしてもいい。

コピーして使おう